Introducción a las pruebas de Software

Volumen I

Imagen 0

Por Oscar Alejandro Arreola Ramírez

Imagen 1

Cómo ser un Tester, Introducción a las pruebas de Software Volumen I.
Copyright © 2018 by Oscar Alejandro Arreola Ramírez Registro Público del Derecho de Autor
03-2018-112211483300-01
www.oaarit.com

Este libro está dedicado para todos aquellos que quieren aprender, que se quieren descubrir, que quieren desarrollarse profesionalmente, reforzar sus fortalezas y trabajar en sus debilidades.

Con trabajo, compromiso, disciplina y constancia vas a lograr lo que te propongas.

Gracias por iniciar esta aventura conmigo.

Oscar Alejandro Arreola Ramírez

Cómo ser un Tester

DEDICATORIA

Quisiera dedicar este libro:

A mi padre Oscar y a mi madre Dolores que se han ido al cielo, pero sé que siempre están conmigo, ellos me enseñaron que siendo constante, teniendo educación, principios y humildad puedes llegar a ser un gran líder.

Les agradezco de todo corazón la confianza que siempre tuvieron en mí y que pese a la adversidad, si deseas algo con tu mente y corazón puedes lograr cualquier cosa que te propongas en la vida.

"Qué felicidad me daría que logres todo lo que un día me contaste que querías hacer, aunque yo no esté ahí." Gracias Padre, como te lo platiqué, este libro es por ti.

A mi esposa Claudia y a mis hijos Andrea y Alejandro que son mi motor y los que me impulsan cada día para ser una mejor persona.

A mis hermanas Gabriela y Patricia, a mi sobrino Gabriel que siempre he contado con su apoyo.

A Mauricio López que se ha convertido en un apoyo especial.

A Oswaldo Fuentes quien me impulsó para ser mejor persona y a seguirme preparando.

A Fabián Solano que siempre ha sido mi apoyo incondicional.

A las personas que me han enseñado a crecer como profesional.

Al cariño especial por la carrera de Testing que ha logrado que este libro esté hoy en tus manos.

Cómo ser un Tester

ÍNDICE

PRÓLOGO

Cómo ser un Tester / Introducción a las Pruebas de Software, es una de las primeras publicaciones en español sobre cómo ser un Probador de Software, en el mismo, se abordan las ventajas y los beneficios de aprender cómo ser un Tester completo.

El Autor ha logrado explicar de forma sencilla como tener una visión clara sobre las pruebas de Software, el proceso, los tipos de pruebas y aspectos humanos entre otras cosas que debe de desarrollar un buen Tester.

Este es un libro realizado gracias a la suma de los conocimientos que se han adquirido en base a los años de experiencia en las pruebas y sirve como un reconocimiento a las personas que trabajan cotidianamente haciendo Testing y que día a día se enfrentan a un sin número de desafíos y dificultades que deben de resolver en equipo con un solo objetivo en común, el que el software esté en las manos del cliente con una excelente calidad.

Todas las personas que trabajan en las pruebas del Testing y las nuevas generaciones que están interesados en conocer realmente cual es el proceso de las pruebas de Software, contarán con una guía de apoyo para enfrentar las distintas actividades que se realizan para el desarrollo de un software o aplicación.

El libro Cómo ser un Tester está escrito en un lenguaje práctico y fácil de entender, te incorporara desde lo más fácil a lo más complicado en el mundo del Testing rápidamente, esto hace a sus lectores que comprendan de una forma sencilla todo el proceso de las pruebas de Software.

El enseñar a través de la propia experiencia y el disfrutar de esta carrera fue uno de los mayores intereses que sostuvo Oscar A. Arreola a la hora de darle contenido a su obra.

Agradezco el espacio para compartir con los lectores los sentimientos que me generó esta obra y felicitar al escritor por su excelente trabajo.

Oswaldo Fuentes Jiménez

INTRODUCCIÓN

"Este libro es la primera lección que debes de tener o la que nunca tuviste."

¿Porque tienes que leer este libro?
Tengo 15 años de experiencia en el área de Testing y al igual que tú, cuando me inicié en la carrera de Tester, no había ninguna guía o alguien que me explicará, por lo que empecé desde cero a comprender, analizar y aprender todo lo que se requiere para que seas un Tester completo.

Pero también es un libro que se atreve a indicar lo que realmente está pasando en las empresas, en las consultoras, con los líderes, con los equipos y con la falta de confianza y credibilidad al puesto de Tester.

Actualmente hay muchos estudiantes, pasantes, Testers Jr., Testers Semi Senior, incluso desarrolladores que están actualmente en el área de pruebas de Software y cada día hay más, pero la pregunta es ¿Realmente querían ser un Tester?, es su primer trabajo y pues ahora son Testers, por accidente o circunstancia, pero realmente sabes ¿Qué es un probador de Software o Tester?, que hace, que debe de saber, que tiene que investigar, cual es realmente su función en el Proceso de las pruebas.

Este libro es una guía que te enseñará como ser un Probador de software e iniciarte en el mundo del Testing, te dará las herramientas necesarias para convertirte en un Tester competitivo y si ya lo ejerces, mejorar tus conocimientos, habilidades, tener mejores prácticas, tips, soluciones, resolver problemas que se te presente y sobre todo, poder trabajar en cualquier empresa no importando a que se dedica.

No importa que seas estudiante, becario, Tester Junior, SemiSenior, Tester Senior, Manager, podrás aprender o mejorar tus habilidades o aplicar estrategias que te pueden servir para mejorarte a ti como profesional y mejorar al equipo de pruebas.

Este libro está dedicado para apoyarte, capacitarte y sobre todo a que tomes acción de lo que aprendas y lo apliques en tu ámbito laboral, para que puedas dar ese paso más fuerte, te ayudará a tomar las mejores decisiones y estrategias.

Ser Tester es una carrera que requiere de una preparación adecuada, una especialización, requiere que puedas aprender rápido, adaptarte a los cambios y puedas manejar cualquier tipo de situaciones que se te presenten día a día.

Este libro te va a servir como una guía, va ser tu manual de cabecera, para que puedas consultarlo una y otra vez, podrás estudiarlo, hasta que lo puedas aprender y llevar a la práctica todo ese conocimiento en tu día a día laboral, para que te ayude a trabajar y a tomar decisiones correctas, te va a orientar para saber el camino y puedas implementar todo lo que el libro te enseñe. Saber el proceso de vida del Software, casos prácticos, lo que debe y no debe hacer un Tester.

Te voy a apoyar en todo el proceso para que aprendas a ser un verdadero Probador de Software para que inicies tu carrera en el Testing y/o complementes tu formación. De ser posible prepararte yo mismo para que inicies tu carrera en el Testing.

QUÉ ES UN TESTER

Creencias

"La suma de tu esfuerzo, te llevará a ver los resultados"

Desde hace tiempo el área de Testing a formado parte del proceso del desarrollo del Software, sin embargo, esto no quiere decir que las áreas conozcan que es realmente ser un probador de Software, se tiene la creencia que solo va a hacer las pruebas y alguna documentación, pero realmente no saben que es ser un Tester, desconocen la preparación que debe de tener un verdadero Tester, para que realmente está capacitado y cuál es su función en el proyecto.

A partir de ahora llamaremos al probador de Software: "Tester", para simplificar el nombre, durante varios años, se ha tenido la creencia de que ser un probador de Software o Tester es algo muy fácil, es algo que todos pueden lograr. Eso no es correcto, ser Tester si bien no es para todos, es una carrera que requiere de una preparación adecuada, una especialización, requiere que puedas aprender rápido, adaptarte a los cambios y puedas manejar cualquier tipo de situaciones que se te presenten día a día.

También se tenía la creencia, de que un Tester era lo mismo que un Tester QA y eso no es así, aquí vamos a ver la diferencia.

Muchas veces nos hemos dejado llevar por mitos, que dicen, un Tester solo está para descalificar el trabajo de los demás, por eso a veces se dice que los Desarrolladores y los Tester se llegan a odiar, nunca se llevan bien y eso es una completa mentira, deben de saber, que no es nada personal, no están para bloquear el trabajo de los demás o como un área bloqueante que evita que no se pueda entregar el proyecto. Los Tester son los que aseguran la calidad del sistema, son los que van a dar el VoBo para que el sistema pase a producción.

Otros de los mitos que hay, para los PM, Manager, etc. es cuando le solicitan al Equipo de Testing una estimación de tiempo, muchas veces se estima en base a las pruebas que se tienen que realizar, cuántos Tester van a hacer las pruebas, conociendo al equipo de desarrollo y estiman un tiempo que realmente es el deseado por equipo de Testing.

El cliente, el PM, el Manager, lamentablemente muchas veces no consultan al Tester y cuando lo consultan dicen, no lo hubiera consultado, me estimo de más, un tiempo que ya no tenemos, esto es debido a que muchas veces la carga del tiempo en el proyecto se la lleva el Equipo de Desarrollo y al final el Equipo de Testing no tiene el suficiente tiempo para hacer la prueba completa, intervienen varios factores, pero no es porque el Equipo de Testing quiere un tiempo de más o no pueda con el proyecto.

Cómo ser un Tester

Oscar Alejandro Arreola Ramírez

Errores en la Contratación

Muchas empresas contratan a becarios para ser Testers, pero lamentablemente no les dan capacitación, asesorías, las herramientas necesarias, no invierten el tiempo suficiente para enseñarles lo que es ser un Tester.

El becario al pasar unos meses en la empresa se empieza a frustrar, no entiende realmente que está haciendo, ya que no tiene el conocimiento o apoyo para realmente decir voy a dedicarme a ser Tester como una profesión o mi forma de vida, sucede que termina dejándolo o dedicándose a ser Desarrollador o probar suerte en otras áreas donde le vaya mejor y entienda que trabajo va a realizar.

Suele suceder que asignan a Managers o líderes sin tener el criterio adecuado para la designación, por lo que la nueva persona desconoce cómo ser jefe, mucho menos algún conocimiento de las pruebas y solo empieza a delegar, si salen los proyectos es muchas veces por que los Testers con mayor experiencia saben cómo hacer su trabajo.

Las empresas se quejan de la calidad del Tester o de la rotación del personal pero ¿Que acción realizaron para que no les sucediera esto? NINGUNA.

Imagen 2

Cómo ser un Tester

Oscar Alejandro Arreola Ramírez

Tendencias

El campo de la Tecnología ha ido evolucionando día a día, cada vez más gente quiere incursionar en el área de IT, Los Testers son necesarios cada vez más, es común que de otra área solicitaron el apoyo de personal por conocer el negocio y los prestaron de su área y ahora son Testers, otro factor es por circunstancia que llegaron a esa área, algunos profesionales consideran ser Tester como la forma más fácil para entrar al mundo de la Tecnología.

Los Testers que ya tienen varios años trabajando en sus empresas, lamentablemente no se actualizan, por distintos factores, falta de tiempo, otras actividades, el problema puede radicar que duran 3 o 5 años en la empresa y cuando voltean a ver el mercado laboral ya solicitan experiencias en otras aplicaciones y eso no te lo enseñaron en la empresa donde trabajaste.

Hace varios años que estoy en el campo de la Informática, ser Tester solo implicaba, aprender una metodología, el negocio, saber realizar ciertas acciones, aprenderse uno o dos Software para la Administración de la ejecución de las pruebas, saber detectar defectos.

Ahora las vacantes son así:

Solicito Tester con Experiencia en:

Jmeter, Loadrunner, Java, SOAP, HTTP, XML, Scrum, Ruby, JavaScript PHP, SQL, Cucumber, Selenium, Unix, Delphi, Eclipse, Linux, Oracle Weblogic, ALM, Load Runner, UFT, Perfecto Mobile, SAP, PhantomJS y Bilingüe, todo esto en un solo perfil, aparte te piden años de experiencia.

¿Es en serio? Lamentablemente Si, se ha desvirtuado la carrera de Testing, parece un puesto de desarrollador, las empresas ya requieren un Súper Tester ya quieren tener dos puestos en uno, Tester y programador, que sepa todo lo que mencione anteriormente y más.

Siento que se han confundido, sé que los tiempos modernos exigen a las empresas tener Testers cada vez más completos y si en las universidades se ha puesto de moda entre los estudiantes el saber programar y eso da pie a que las empresas soliciten Testers con estas características.

Esta tendencia ha estado surgiendo desde hace un año y medio aproximadamente, el solicitar al Tester conocimientos de programación, saber leer, modificar e interactuar con las bases de datos, usando varias herramientas, varias metodologías, quieren un Tester todo en uno. Quieren un Tester especializado. Como se diría en el lenguaje coloquial, quieren un "Tester Luchón" (término populista que significa que quieren que sea todo a la vez) que sea Tester, Desarrollador, PM, BA, Datos, Pruebas Funcionales, Automatizadas y todo a la vez.

Pero me pregunto, realmente saben que es un Tester, que funciones, que documentos hace, que tipo de preparación debe de tener aparte de todo lo demás que está enfocado a Desarrollador, la respuesta es NO en la mayoría de los casos.

Desconocen las funciones y acciones que hace el Tester y en la mayoría de los casos con tantas solicitudes de experiencia en desarrollo y programación dan por hecho que sabe lo que hace un Tester, la documentación, la interpretación, el análisis, etc., creen que ya viene por añadidura, pero no es así.

En mi opinión el Tester va a tener que evolucionar a ser más técnico y tener cada vez más conocimientos en varias herramientas, lenguajes, frameworks que se utilizan en los proyectos. Hacia allá vamos, ¿Pero por qué están solicitando esto?, es obvio que las aplicaciones y el tiempo se ha vuelto más dinámico, se requiere de personal cada vez más capacitado, preparado.

Pero, ¿realmente las empresas están capacitando a los Testers, a los becarios, para esa evolución que ya está teniendo el puesto de Probador de Sistemas? La respuesta es un rotundo No. Siguen sin capacitar, enseñar al Tester y todavía le solicitan más cosas. Estoy de acuerdo que el puesto ha estado evolucionando al paso del tiempo, pero si no caminas como vas a querer correr.

La forma de como aprende un Tester ha cambiado, antes un Tester con mucha experiencia por lo regular la forma más fácil de aprender era realizando una exploración del Sistema, la otra forma es que el Script este correctamente realizado y vayas siguiendo los pasos de acuerdo a como es la ejecución.

La tendencia que hay, es que el Testing tiende al uso de metodología ágil, un Scrum o un Agile, la metodología waterfall o cascada ha ido decreciendo y estoy de acuerdo deben de ser más agiles los procesos, pero antes de implementar un nuevo proceso debes de conocer todo el proceso del Testing, para saber cómo adaptas los proyectos a las nuevas metodologías.

Recuerda que una de las ventajas de tener la carrera como Probador de Sistemas es que te permite poder trabajar en ciudades o países diferentes, es una buena oportunidad ya que la dinámica del puesto te permite esa libertad para que te puedas mudar de ciudad o de país.

Oscar Alejandro Arreola Ramírez

Testers sin Capacitación

En estos tiempos modernos en que vivimos, no existe como tal una capacitación formal para ser Tester ni de lo básico que debe de saber un Tester, mucho menos las tendencias que están teniendo los negocios o empresas. Lamentablemente los Testers están medio aprendiendo o aprendiendo en el aire, lo que medio les enseñan.

Si una empresa te contrata como becario, para que vayas a trabajar a otra empresa los llamados Outsourcing, sucede que no te capacitan muchas veces por la urgencia de cubrir la vacante que le está solicitando el cliente, te contratan y te presentas en la empresa sin ninguna preparación, sin tener idea que hace un Tester, sin saber alguna metodología, te mandan a la guerra sin fusil.

Es lamentable que en ciertas ocasiones las empresas Outsourcing te presentan en la empresa como un Tester Senior, entonces ya debes de tener un cierto conocimiento y habilidades para el puesto, esto lo hacen para cumplir las satisfacciones del cliente, esto al corto, mediano y largo plazo afecta la reputación del Tester, la empresa y la consultoría.

El Cliente por su parte tiene un proyecto que ya está en curso, que ya tiene un presupuesto definido, que ya tiene una dinámica y una forma de trabajo determinada y al agregar al nuevo miembro del equipo, pues le va a enseñar sobre la marcha o el líder, lo asigna con un miembro del equipo para que lo ponga en contexto lo más rápido posible y siga trabajando y contribuyendo al proyecto.

Tristemente muchas veces pasa que la persona que le asignaron al becario, está llena de tareas por realizar y el enseñarle lo va atrasar, entonces no es muy cortés que digamos, no va a enseñarle que es ser un Tester, que debe hacer, que no debe hacer, solo le va a enseñar lo esencial, lo encamina pero al final muchas veces lo dejan solo. No te enseñan tips, mejoras, te enseñan las actividades del día pero no te están enseñando a ser Tester, solo ciertas tareas que cumplir, incluso a veces el puesto no está definido, como resultado estas aprendiendo mal.

El becario obviamente solo aprende lo que le enseñan o medio le enseñan, aprende la forma de como se le debe de entregar al jefe para seguir en el trabajo, le enseñan a mantener buenas relaciones, después de semanas si le caes bien al que te enseña y le demuestras que no importa cuántas veces te pone las cosas difíciles, entonces tal vez te da una oportunidad y empieza a enseñarte, te van aceptando en el grupo de trabajo, el problema es que el becario o aprendiz hace las cosas pero no entiende absolutamente nada de lo que está haciendo y pueden pasar meses así, hace la tarea por hacerla pero no sabe en realidad que está haciendo, también suele suceder que por la etapa del proyecto, todos están presionados, tú eres el único que no está entendiendo nada y si no te vez con ese misma dinámica de prisa, te ven mal y hasta te pueden saturar de trabajo.

Por el contrario si no entiendes nada, no aguantas el mal trato, las salidas tarde (que nadie te explica porque sales tarde, más adelante lo explicare, lo prometo.) el becario termina hartándose y renuncia al trabajo. Es normal, cómo solicitas a alguien con conocimientos específicos y cubra tus necesidades, si no le has enseñado lo básico.

Otro error es de las consultoras, de las empresas, ofrecen muchos cursos, varias certificaciones, pero quien te enseña a hacer un caso de prueba, una matriz, a saber tomar decisiones, a saber que probar, a ser realmente un Tester, lamento decirlo, Nadie.

¿Qué paso?, la consultoría, la empresa, no tuvieron tiempo de enseñar al becario o al aprendiz, obvio no asignan a la persona que tienen como consultor para realizar una capacitación, seleccionan a la persona que se va o la persona que creen que puede capacitar sin haberle preguntado nunca.

¿Oye has capacitado alguna vez, has manejado personal? Grave error. Obviamente crean Testers con deficiencias, no preparados, astutos para el engaño, que saben trucos, les generan vicios. Lamentablemente el becario eso no lo sabe. Pero después las empresas se quejan, porque ahora no nada más ya tiene a un Tester deficiente, sino tienen a dos y todavía se preguntan ¿por qué?, Por qué pusieron a capacitar a un Tester con vicios a un becario, obviamente el becario es el espejo del Tester o simplemente un emprendedor que no quiere invertir, no quieren pagar esa capacitación.

Esto es muy común en las Consultoras (Outsourcing) en las empresas donde el empleado entra como interno, también sucede, la diferencia que el área de RH si te ofrece más cursos o introducciones informativas, pero siguen sin especializarte para ser o saber ser Tester, de hecho en su plan de capacitación anual a su personal, la capacitación para el Tester o área de Testing no figura en el mapa, al contrario, si necesita de alguna capacitación, por la carga de trabajo el Jefe hace que no tomen el curso por falta de tiempo.

El becario, Tester Jr., Semi senior y a veces Senior no son formados correctamente en esta carrera, muchas veces saben unas cosas otras no, a veces la experiencia te va formando y te puede ayudar pero eso no es una garantía.

Sucede también que el becario, el aprendiz, se postula para puestos de Tester QA sin saber la diferencia, cuando llegan al trabajo pues resulta que tienen que hacer más actividades de las que saben hacer, empieza la rotación, las quejas y la salida del personal.

No hay formadores de Testers, las empresas, los emprendedores no quieren tomar acción, no quieren pagar ese precio, poniendo todas las excusas que quieran, tiempo, dinero, esfuerzo, rotación, exceso de trabajo. No quieren ir más allá, no le están apostando a esa capacitación, pero si están exigiendo que un Tester tenga más preparación, incluso ya sepa programar, saber apps, hacer pruebas de performance, web, etc. Pero no se han preocupado por enseñarle los principios al Tester, al próximo becario, al estudiante, sin saber que esta inversión dará sus frutos en un personal más calificado para llegar al objetivo de la empresa. "Tener un software con la mejor calidad."

Es un problema que se está presentando en todas las empresas, la falta de capacitación, al final el cliente no está a gusto con el empleado, el empleado tampoco está contento y se vuelve una cadena que se pudo haber evitado.

Esto ha demeritado el Puesto de Tester, ha depreciado su valor en el mercado, tristemente se crea una mala imagen hacia el puesto y una reputación negativa, es algo que nos afecta a todos.

Cómo ser un Tester

Oscar Alejandro Arreola Ramírez

La Realidad del Testing

Yo he sido Probador de Software o Tester por 15 años de mi vida y lo que más me ha dado tristeza es que no hay un respeto a la profesión tanto por las otras áreas como por los mismos Testers, no hay pasión por la profesión, esto lo he vivido a lo largo de varios años.

Las áreas no le dan la justa dimensión al área de pruebas, porque muchas veces desconocen que hacen o el personal que está encargado de las pruebas, no sabe en realidad que está haciendo por mala preparación, desconocimiento, etc.

Esto se debe como ya lo había mencionado anteriormente, a que llegas a ser un probador de Sistemas de Software que no has sido capacitado, sin tener una idea de que estás haciendo, la mayoría de las veces llegas por accidente o circunstancia.

Hay un desconocimiento total muchas veces de tus funciones, procesos, tareas, análisis, crece una ansiedad dentro de ti, no sabes para dónde vas, no conoces que vas a realizar, trabajas por trabajar, por tener experiencia.

Pero también de las otras áreas hay un gran desconocimiento de cuál es la función del Tester, saben que tiene que estar muchas veces por que el proceso se los impone. Todos estos factores hacen que no haya un cariño y una pasión por la profesión y eso se refleja a las demás áreas, se ve que no te sientes cómodo.

Esto crea una rotación de personal, tanto del becario o estudiante que no alcanza a comprender sus funciones, se termina desilusionando y opta por cambiar de trabajo o carrera y por parte del cliente que exige que su personal tenga un cierto nivel de conocimiento pero no lo capacita.

El Tester requiere también un tiempo para prepararse, para innovar, para cambiar, para conocerse y sobre todo para capacitarse en más herramientas y nuevas tecnologías, pero lamentablemente no le dan el tiempo, muchas veces tienes que salirte de trabajar para estudiar para después ingresar a otra empresa pero con lo ya aprendido.

También sucede que aprendiste por fin el negocio, el proceso, tus funciones, pero estas en una presión constante, ya eres experto pero no hay una remuneración, te siguen pagando como becario y pues te vas. Debe de haber un entorno correcto, donde te apoyen, te capaciten, te exijan para que puedas ser un mejor profesionista, pero también te sientas apreciado y sea un lugar de trabajo agradable.

"El desconocimiento genera una ansiedad dentro de ti, no sabes para dónde vas, no conoces que vas a realizar, trabajas por trabajar, por tener experiencia".

Este Libro junto con mis cursos es una ayuda para que puedas aprender esas habilidades que requiere un Tester, para que tengas una visión más amplia y más profunda de la capacidad de crecimiento que tiene la carrera de probador de software. Sobre todo es para que ya no te sientas solo, te voy a ayudar para que puedas adquirir las habilidades necesarias para que puedas crecer en el mundo de la Tecnología y obtengas los resultados que persigues pero para esto tienes que tomar acción.

Debes de comprometerte a poner todo tu esfuerzo, tu empeño y tus ganas para aprender, el camino no es fácil, ser Tester ahora requiere de una preparación más completa en muchos aspectos, pero vamos juntos a iniciar con las bases, paso a paso ir creciendo, tanto como personas como profesionalmente.

Cómo ser un Tester

CREANDO UN TESTER

"Si nos gusta lo que hacemos y siempre hacemos nuestro mejor esfuerzo, entonces, realmente, estamos disfrutando de la vida".

Miguel Ángel Ruiz

Este libro está realizado para crear a un verdadero Probador de Software, para dar a conocer la importancia del Tester en el Proceso de creación de un Software, darle su justo valor al puesto, apreciarlo y mostrar el valor que tiene en todo el proceso.

Juntos vamos a ir paso a paso para enseñarte, apoyarte, ser tu guía, tratando de cubrir todos los puntos necesarios para que puedas iniciarte en la carrera de Testing, complementar tu preparación, vas a crear o reforzar tus habilidades, vas a poder actuar y resolver los problemas que se te presenten no importando el giro de la empresa.

Se te darán Tips que solo una persona con más de 15 años de experiencia te puede dar, te enseñaré a tomar acción, a dar ese paso más fuerte, para que tu tengas ese apoyo, para ser un Tester, con el conocimiento necesario para desenvolverte correctamente, que este libro te sirva como una guía, que sea tu manual de cabecera, en el que puedas consultar una y otra vez, que puedas aprenderlo y después puedas correr, aprender más cosas, certificarte y expandir tus horizontes.

"Que este libro sea tu primera capacitación que debes de tener o la que nunca tuviste."

Empecemos con lo esencial y sobre todo con un lenguaje fácil y práctico para que todo el mundo lo pueda entender, sin complicaciones, que te ayude a comprender de que se trata todo esto, para que llegues a aprender, a valorar, a apreciar y a disfrutar la carrera de un Tester, más adelante te podrás apoyar en mis cursos, pláticas o tutoriales más especializados para ir mejorando y ser todo un experto.

Vamos a capacitarte, vas a aprender, disfrutar, analizar, te invito a tomar acción, para que tengas los resultados que siempre has querido, este libro es tuyo.

Imagen 3

Cómo ser un Tester

Cómo surgió el Testing

Desde los grandes inventores como Thomas Alva Edison, Nikola Tesla, los hermanos Wright entre otros utilizaron cientos, miles de pruebas para que sus inventos tuvieran éxito y lograr su objetivo personal por el bien común.

Cada inventor, fue su propio Tester específicamente para lo que deseaba crear, realizaba las pruebas, aprendía de los errores, corregía y volvía a realizar la prueba, no importa cuánto tiempo llevaría, lograban en la mayoría de los casos su objetivo.

Esto ha evolucionado notablemente a través de los años, en este caso para el sector informático los programas de software cada vez tienen más competencia, no se diga en los sectores Automotriz, Aviación, Marítimos, Ferroviarios donde una falla de un Software puede costar vidas.

Lo primero que debes de tener claro antes de iniciar es, para poder crear, modificar o actualizar un software es necesario remontarse al principio de prueba y error.

Muchas empresas han tenido que incorporar el área de Testing a su empresa, ya sea de forma Externa o Interna. No ha sido fácil, porque todavía hay una cierta resistencia ya que muchos sectores no asimilan el por qué o para que la necesidad de contar con un área de pruebas.

Incluso en algunas empresas se han implementado el área de QA (Quality Assurance) para incorporar la calidad en todo el proceso, no nada más en las pruebas.

El Testing es una parte fundamental en el Ciclo de Desarrollo de Software, ya que va a identificar los errores que se han cometido en la fase de desarrollo, va a garantizar que el software es fiable y va asegurar la satisfacción del cliente.

Debido a el boom tecnológico en el que vivimos, el contar con un producto de calidad y que sea adaptable se ha vuelto casi una necesidad, se requiere superar las expectativas del cliente y eso marca la diferencia, en un mundo donde actualmente se mueve a velocidades increíbles y donde de un momento a otro necesitas ofrecer cada vez más y mejores servicios, sin embargo gracias al Testing es posible minimizar riesgos y los costos ya que se detectan errores a tiempo y esto te sirve para entregar un software de calidad.

Cómo ser un Tester

Oscar Alejandro Arreola Ramírez

Características del Tester

Para aprender a ser Tester se necesita de ciertas habilidades, que puede ser que ya las tengas o las puedes ir aprendiendo a través de la experiencia.

Ser Analítico es la capacidad de poder analizar todo los factores que tienes a favor o en contra. Tienes que saber realizar la correcta implementación de los requisitos del cliente.

Ser Curioso, pregúntate, examina, analiza todo, te va ayudar a saber más del software, indagar del negocio y entender más acerca de todo el proceso.

Ser Escéptico te ayudará a no creer tan fácilmente los argumentos para indicar que no es defecto, si no que te ayudará a defender los defectos que encuentres.

Ser Perceptivo te va ayudar a tener la capacidad de saber interpretar tu entorno.

El estar Atento a los detalles, te va a apoyar a tener todo el contexto para poder reaccionar ante cualquier situación.

Saber anticiparse es parte fundamental de ser un Tester, tienes que aprender a anticiparte para todos tus entregables, posibles desviaciones y estar preparado ante todo tipo de evento o circunstancia que se pueda presentar.

Ser un excelente comunicador te ayudará a tener buena relación en el trabajo y sobre todo estar preparado para dar buenas y malas noticias.

Te ayuda a no tener temor para reportar cualquier anomalía, defecto y situación que se presente, debes saber preguntar cuestiones técnicas, prácticas correspondientes al uso del sistema, deben de ser bien entendidas por ti. Es fundamental establecer una relación de trabajo positiva con los desarrolladores a corto plazo.

Saber auto aprender, esto es definitivo, ante la falta de apoyo un Tester debe de poder autogenerarse de conocimientos, estudiando, practicando, preguntando.

Ser Adaptable no importa el entorno, es muy importante saber adaptarse.

Ser Determinante a la hora de defender tu posición o tus pruebas.

Ser Empático, ten la capacidad de percibir, compartir y comprender.

Ser Colaborador, saber apoyar a los integrantes de tu equipo para lograr los resultados deseados.

Recuerda que un Tester debe de cuestionar todo, comprender los escenarios prácticos del cliente, analizar la estructura de la prueba, eres un descubridor. Tu propósito es encontrar la mayor cantidad de Defectos en el tiempo que tienes estimado para hacerlo. La experiencia te puede ayudar a identificar rápidamente errores donde otros no los han encontrado.

Es cierto que existen certificaciones para Testing como la de ISTQB y otras más, mi recomendación es, que si debes de seguir una metodología, un proceso, etc. en el cual te debes de regir, de respetar y si muchas veces es lo correcto, pero yo te recomiendo a no ser cuadrado, cada empresa es diferente, usa metodologías, procesos diferentes y tú debes de ser abierto.

Entender que muchas veces no puedes seguir el proceso que te marcan estas certificaciones al pie de la letra, si no que debes de adaptarte, ser un poco más receptivo, abierto, saber que puedes y que no puedes utilizar o que sencillamente no cabe dentro de la empresa. Tienes que ser flexible en el proceso de las pruebas.

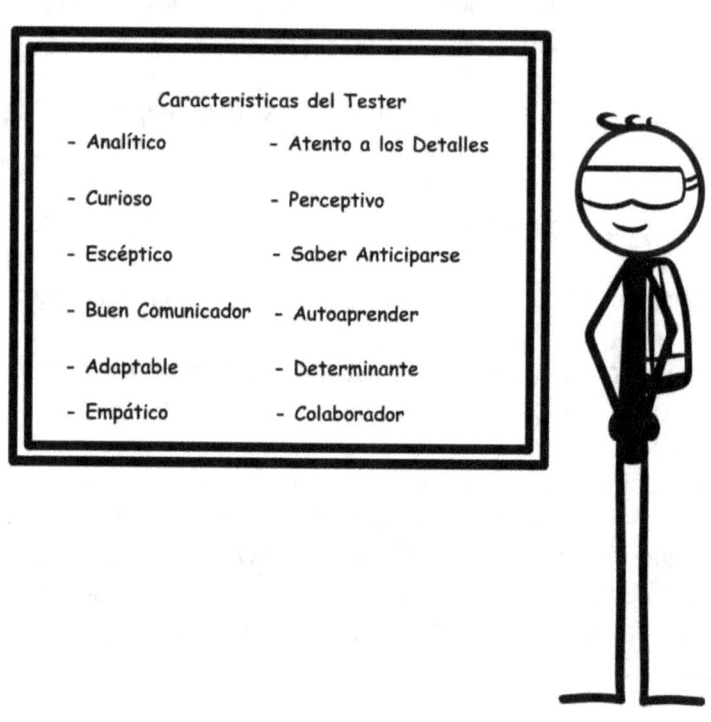

Imagen 4

Oscar Alejandro Arreola Ramírez

Ética del Tester

Es fundamental que el Tester debe de tener una ética profesional, ya que él va a tener acceso a la información confidencial de la empresa, vas a saber antes que nadie que se está fabricando, como funciona y que va a hacer el software que estás probando, todo esta información a la que vas a tener acceso, solo se debe utilizar para el beneficio de la empresa que estás laborando y si dejaras de laborar en esa empresa, solo llevarse la experiencia de haber conocido y participado en el proyecto. Por ningún motivo, se debe de llevar algún tipo de información o equipo que comprometa la integridad de lo trabajado en la empresa.

El Tester debe ser una persona que tiene que aprender a saber trabajar bajo una presión constante, al final el atraso del proyecto se puede ver reflejado en que recortan las pruebas.

También suele haber grupos de Testers con malos elementos, debes de aprender a identificarlos para que puedas tomar las medidas necesarias. Testers que lamentablemente dicen voy a reportar menos defectos para que el proyecto se alargue y así tenga más tiempo de trabajo. Muy mala práctica.

En las juntas y revisiones no digo nada, pero me quejo de todo el proyecto, no trabajan bien, no saben hacer lo básico para un Tester, por lo que comentaba anteriormente, no tienen una preparación adecuada y se quedaron con vicios.

Soy un Líder negativo, solo para protestar o indicar que todo está mal o buscar cualquier pretexto para no trabajar y aparte contagia al equipo. Toma ventaja de su puesto para obtener favores del grupo y no lo pueden acusar porque si no, hay represalias.

Son ejemplos de lo que puede haber en los grupos. Procura reportar, alejarte y si eres el líder tienes que ser muy observador con tu equipo.

Siéntate cerca algunas veces para conocer cómo se comportan cada uno de los integrantes del equipo.

Revisa su trabajo periódicamente para validar que no han perdido el enfoque, guíalos, confía en ellos, reconoce la importancia de lo que se está realizando.

"Recuerda que no debes compartir, copiar o reproducir información fuera de la empresa".

Cómo ser un Tester

Oscar Alejandro Arreola Ramírez

Ser Jefe o Líder

El tener un buen líder que coordine al equipo de Testers es fundamental para que se pueda tener un proceso de pruebas de Software exitoso, ya que él va a marcar la pauta a seguir, va a coordinar al equipo y va a depender mucho que el equipo pueda trabajar como una unidad para alcanzar los objetivos que les solicitan.

Recuerda el Líder valora, motiva, reconoce, cree, confía, te escucha, te comprende, busca soluciones y sobre todo enseña e inspira, sabe aprovechar recursos, te compromete, lidera al servicio de todos, no solo se limita a dar órdenes, utilizan su autoridad de forma diligente y humilde.

El líder sabe realizar todas las actividades y te enseña a realizarlas de una mejor manera, su labor se ha ido construyendo con hechos, demostrándolo día a día con sus acciones, el líder enseña y acompaña, debe de saber gestionar las emociones, que empodere y construya valores.

No se dan cuenta las empresas que poniendo a verdaderos líderes en sus áreas pueden llevar a las empresas a un nuevo nivel de éxito.

Lamentablemente para estas áreas de Tecnología solo hay jefes que mucha gente les llama Jefes tóxicos. Sus características principales son que desconfían, atemorizan, es distante e inseguro, juzga, crítica, culpa, castiga, ordena, obliga, se queja y se desespera.

Otros sin ningún análisis o criterio los hicieron jefes, pero estos no tienen idea de cómo serlo y no hay ninguna capacitación para ser Líderes o Jefes tampoco, espero tenerla pronto.

Es malo ser permisible, ser un jefe barco, pero también es malo ser un jefe policía.

El Jefe quieran o no debe de modernizarse, evolucionar también y más en estos tiempos donde los Millennials son los que están ingresando a estas áreas. Deben de saber cómo tratar a los jóvenes, saber que la mayoría no va a aguantar 9 o 10 horas sentado, sino que tiene que ser más dinámico, los procesos se están modernizando cada vez más, los jefes que no son líderes tampoco van a durar mucho, porque si no cambian y se van adaptando a la nueva forma de trabajar de las empresas, van a ser reemplazados.

A los jefes les está costando adaptarse a las nuevas formas de trabajo, quieren tener a su personal como antes, como si fuera una escuela, todos sentados juntos, bien controlados, que no se levanten, que si terminan su trabajo buscan cualquier pretexto para que su gente se mantenga ocupada o incluso 5 minutos antes de la hora de salida les piden algo a su gente o convocan juntas en la noche, cuando ya no está la mayoría de las personas de las otras áreas para tratar de resolver problemas que bien se pueden resolver al día siguiente, a las 9 de la mañana cuando esta todo tu personal.

Vamos a quedarnos todos y se quedan pero solo una persona está trabajando y los otros viendo, que sucede con esto, empiezas a cansar a tu equipo, los buenos elementos los empiezas a hartar, empieza a ver problemas en el equipo y te van a renunciar.

Las empresas deben de revisar a quien tienen de Jefes, por qué me queda claro que lideres no son, revisen si en el área hay rotación, hay quejas, porque aparte que se tiene mucho trabajo, agregas mal trato psicológico, anteponiéndote tareas aparte de tu asignación, tu equipo se va a ir, el expertiz que tienen no lo vas a sustituir tan fácil y tan rápido y más cuando la cabeza es el que se tendría que ir.

Se tienen que tomar mejores decisiones, lamentablemente las empresas llevan años tomando las peores decisiones y lo peor es que los jefes tóxicos siguen en su puesto.

"No se equivoquen, esa no es la forma de ser Jefe, mucho menos un Líder."

Muchas empresas ya utilizan el llamado Home Office, que no es más que trabajar desde casa para que ya no te tengas que desplazar a la empresa.

La verdad si implementaran esta forma de trabajar, los empleados tendrían una mejor calidad de vida, mejor grado de responsabilidad, de entrega al trabajo y sobre todo disminuiría la rotación del personal.

Los Jefes no creen en esta nueva forma de trabajar, creen que hay muchos distractores que no hay responsabilidad y que vas a destrozar al equipo, que lo mejor es tener al personal 12 a 15 horas trabajando.

Debes de realizar un análisis de tus empleados para tomar esta decisión, es correcto, pero si sabes que tienes un empleado que no trabaja enfrente de ti, mucho menos va a trabajar en su casa.

Los Jefes y las empresas tienen que empezar a aceptar que están ante una nueva generación, una forma dinámica de trabajar donde no va a ser necesario que estés en tu oficina 12 o 15 horas contando las horas de transporte. Donde el trabajador está más enfocado y siente más empatía por trabajar en su espacio, puede llevar las juntas por videoconferencia sin problema y no es necesario estar en un mismo sitio.

Las empresas no se han puesto a pensar el costo de la infraestructura que esto les ahorraría, en luz, mantenimiento, agua, servicios, renta etc., porque estaría laborando el mínimo personal en el edificio. Obvio esto es para ciertos tipos de procesos o empresas. Para las demás empresas el cambio es paulatino y puede irse dando dependiendo de sus necesidades.

Otra mala práctica de los jefes actualmente es que contratan Testers Senior, que son los más avanzados en conocimiento, llegan a la empresa y solo les dan el nombre del proyecto que te toca y un contacto, no te explican más, creen que como tú ya tienes experiencia vas a realizar toda la búsqueda de la información del proyecto, personas, tiempo etc.

Les he preguntado oye por qué haces esto, ellos ya deberían de saber, es su respuesta. No se equivoquen aunque seas estudiante o el más experimentado Tester, si no te explican las cosas, si no te dan una introducción, no vas a hacer milagros.

Más adelante sacaré un libro profundizando este tema de los Jefes y Líderes donde les compartiré toda la experiencia que he tenido a los largo de los años y les enseñaré como ser un buen Líder.

Cómo ser un Tester

Desconocimiento del Testing

Lamentablemente asignan Jefes, PM, Manager, Leads en el área de pruebas, pero estos desconocen todas las funciones que se debe realizar, no saben que es un área de Pruebas y no se involucran con el equipo, solo están para dar la cara con el cliente, juntas y reorganizar al equipo, lamentablemente no saben la dinámica con la que se trabaja, no entienden de las pruebas ni les interesa aprender.

Las empresas, consultoras, freelance deben de revisar bien el perfil del Manager del área de Testing, para evitar esos problemas.

Contratan mal al personal, como no se tiene el conocimiento de que es un área de pruebas, para que es, creen que cualquier jefe puede ocupar el puesto de líder o manager de pruebas. Tristemente se ha malbaratado la carrera, no porque tenga una carrera o este titulado lo puedes reclutar y le vas a enseñar a ser Tester, se contrata más por necesidad de cubrir el puesto que por sus facultades.

Contratar a un Tester problemático o con vicios, es un tema, pero comúnmente en la entrevista a veces es difícil, pero en la capacitación si te puedes dar cuenta como es, el grado de responsabilidad, que tan profesional es, solo a la hora de trabajar con él , puedes ver que malos hábitos o vicios tiene, no me refiero a fumar, tomar o demás, sino al mal llenado de los formatos, no saber levantar defectos, realizar las actividades mal y al aventón, como se comporta en las juntas, que tan motivado esta o se queja todo el tiempo, dice que ya realizo la tarea y no la ha realizado.

Suele suceder que tenemos a un mal Tester, que primeramente no debió pasar los primeros filtros de su contratación, pero de nuevo por la necesidad de cubrir el puesto lo contrataron.

Oscar Alejandro Arreola Ramírez

Problemas Externos e Internos

En qué momento paso que las empresas, consultoras, Outsourcing etc., perdieron de vista a su gente, ya no conocen a la gente que están contratando, tampoco con que calidad laboral entran a la empresa, tampoco conocen a sus líderes, que capacidades tienen, fueron creciendo más y más, que ahora han perdido lamentablemente la calidad de su personal, ya no les da tiempo argumentan, el mercado de la contratación se mueve rápidamente, claro si no capacitas ni al becario para que no llegue verde a la empresa, ni al jefe o líder para que sepa tomar las decisiones adecuadas para el proyecto, han permitido el compadrazgo, la amistad, anteponiéndolo a la calidad del personal, al buen trato, al trato igual, a la preparación. Lamentablemente esto ha afectado la reputación del área de Testing, los dueños no tienen un análisis de su gente, o si lo tienen es por encima, suele pasar que el jefe cuando llegan los líderes o encargados, te habla súper amable, te trata bien, nada más se van y empieza el mal trato, las malas decisiones.

Están anteponiendo la ganancia, lo comercial a lo que realmente a mi parecer es lo más importante, tener grupos de calidad, tener gente con experiencia, sin favoritismos, recuerda que practicas con el ejemplo. Lamentablemente los dueños de las empresas han contribuido a la mala imagen tanto para el Testing como para las demás áreas. Esto merma a todo el proyecto.

Las empresas no se están preguntando ¿oye por qué en los últimos 5 meses se me fueron todos los Testers con experiencia?, es claro que algo está pasando, pero no lo quieren ver o no tienen tiempo para ver, al final ellos ven lo monetario, se me fueron 5 Testers, pero los reemplace con becarios y al final estoy cobrando lo mismo. Entonces el problema fue resuelto. Error, no atendiste el problema de fondo o si lo detectaste no lo quisiste solucionar, es que así es la jefa o el jefe, es medio especial. Tienes un mal Líder, un Jefe Bully que te está corriendo a la gente por sus malos tratos, por explotar a los Testers, por sus gritos, porque está cansando al Tester antes de tiempo, la etapa crítica empieza en dos meses, pero quédense los fines de semana para avanzar.

Su accionar es totalmente inadecuado pero como no tiene una revisión periódica, pues no se enteran hasta que es demasiado tarde, ya deshizo al equipo con más experiencia o ningún Tester con experiencia quiere entrar a tu empresa porque ya se corrió la voz.

¿Existe un área de apoyo para reportar estos casos?, solo en las empresas grandes el área de RH, pero solo hay muy pocos casos de éxito, al final lamentablemente cuando la gente está renunciando te dan la encuesta de salida, pero ya que la persona tomo la decisión de irse y ya no hay marcha atrás, porque si te regresas te va a ir peor, puedes tener represalias.

No pierdan el enfoque, revisen continuamente a su personal tanto a sus líderes, Managers como a sus Testers, hagan reuniones periódicas, para verificar que este correcto, a veces es muy importante decirle a su gente, oigan estoy aquí para apoyarlos, para cuando me necesiten.

Es fundamental tener un equilibrio de tu gente, no digo que toda la culpa la tiene la empresa, pero en mis 15 años de experiencia les puedo decir que un 80% la ha tenido la empresa, por no darse cuenta a quien tienen contratado de Jefe.

Cómo ser un Tester

Oscar Alejandro Arreola Ramírez

Ventajas de la Capacitación al Tester

Al realizar la capacitación de tus recursos, se puede identificar rápidamente a los Testers buenos y malos, como trabajan, si analizan bien los documentos, si tienen habilidades que los hace sobresalir, esto te puede ayudar, revisar quien ya está listo para tal proyecto o quien le falta más preparación para mandarlo a la empresa, la capacitación te ayuda a detectar las aptitudes que tiene tu equipo.

A veces si tienen suerte los capacitan en alguna herramienta y los mandan así, yo sé que los proyectos requieren a los recursos ya, pero revisa que te va a salir más caro, si no te das cuenta desde antes de las deficiencias que tiene cada elemento, ya en el proyecto ya no va a ser tan fácil hacer las modificaciones de Testers, si tiene bastantes deficiencias, tienes que despedirlo o cambiarlo o el mismo empleado no te va aguantar y se va de la empresa, entonces ya te salió más caro, invertiste en un elemento que si hubieras tenido conocimiento desde antes que tenía muchas fallas no lo hubieras seleccionado para mandarlo a un cliente importante, aquí se lastima tu marca y la credibilidad de los recursos, hay managers o Test Lead que no saben cómo hacer una matriz de requerimientos o diseñar un caso de prueba.

Es preferible indicar, inicio proyecto en un mes, requiero Testers con estas características y empezar a prepararlos para el proyecto.

Imagen 5

Cómo ser un Tester

Oscar Alejandro Arreola Ramírez

Capacitación de los Procesos de empresa vs el negocio

Es importante tomar en cuenta aparte de la capacitación del Tester, darle la información necesaria de los procesos que maneja el cliente, si es la misma empresa lo debe de saber, pero si es una empresa que trabaja en las oficinas del cliente, se requiere dar una introducción de la documentación especifica que solicita el cliente, saber el llenado, las peticiones de Insumos, Recursos, ambientes, como se llena la documentación, etc. Esto apoyará al equipo para tener el conocimiento necesario de saber cómo trabaja el cliente y su proceso interno.

Lamentablemente, te mandan sin saber nada, sin tener la información y si tu Manager la conoce, te puede apoyar, pero si solo es un Jefe te va a dejar solo y la tienes que investigar tú, entonces vas sin conocimiento, el problema que el cliente te habla de sus procesos y documentación, como si tú ya conocieras, lamentablemente no lo sabes, entonces si pides datos, recursos, ambientes te van a estar rechazando los documentos o las peticiones para los procesos que se tienen que hacer. Esto es tiempo, recuerda que tienes que optimizar todo tu funcionamiento.

Unifica los reportes para todas las áreas que sea el mismo y no que cada área mande su reporte, se congruente con todo el equipo, comunica la información a todo el equipo.

"Capacitación en el Software que utiliza el Cliente"

Es importante aparte de saber los procesos, aprendas rápidamente y te vayas familiarizando con las herramientas que utilizan en la empresa donde te encuentras laborando.

Tanto las herramientas de Gestión de Pruebas y Defectos, como las herramientas que les llaman Repositorios, donde va la documentación, los Vobos, etc.

Si está disponible algún demo, algo desarrollado, sería ideal, que tu equipo aprendiera a manejar la herramienta que se va a probar, si todavía no está desarrollado nada, sería lo más conveniente que empezará a leer la documentación de la nueva aplicación.

Cómo ser un Tester

Certificación

Uno de los errores más comunes que sucede en los becarios o profesionistas que apenas están iniciando en el mundo de las pruebas es que sin experiencia alguna, toman la certificación ISTQB o alguna otra, creyendo que tomando el curso y estudiando vas a ser un Tester, lamento decirte que no es así.

La certificación es muy importante, incluso hay empresas que como requisito de contratación, requieren que estés certificado, porque eso les da una garantía de que sabes el proceso completo y que te riges bajo el esquema total de las pruebas.

Pero si eres un becario, un Tester junior o no has tenido cierta experiencia profesional en una empresa, el curso no te va a apoyar a enfrentarte a la vida laboral, el curso comúnmente se toma cuando ya tienes más de 2 años de experiencia y has participado en varios proyectos, te va a complementar para formarte, te vas a poder cotizarte en el mercado, vas a tener un renombre en el mercado laboral.

Que sucede, tomas la certificación, pero suele suceder que no pasas el examen o te pones a estudiar y lo pasas como si fuera una materia más, pero realmente comprendiste muy pocas cosas, entras a trabajar y tienes una idea gracias al curso, pero sigues igual de confundido, no sabes que hacer, no sabes analizar, no sabes crear documentos, no sabes cómo probar, si te ayuda, pero no como hubieras querido.

No lo tomen como su primera opción para capacitarte o para aprender a ser un Tester, lo sé, no había otra forma para aprender acerca de las pruebas de software, afortunadamente ya se tiene otra opción, con mis cursos que imparto, donde te enseño lo que realmente sucede en el ámbito laboral, te doy ejemplos, te comparto experiencias y procesos reales, cosas que pasan en las pruebas, reportes, como analizar, como crear documentación desde un nivel básico vayamos paso a paso para que comprendas todo el proceso de una manera sencilla y eso te prepare para el ámbito laboral.

Mi recomendación es primero toma un poco de experiencia, toma Mi curso y después de un tiempo y experiencia profesional certifícate y sigue aprendiendo, la inversión en ti es lo mejor que puedes hacer como persona.

Cómo ser un Tester

Oscar Alejandro Arreola Ramírez

Identificando como Trabaja la Empresa

Por lo regular son varias situaciones a las que se enfrenta uno como Tester y que tiene que analizar para saber en dónde está parado.

Las consultoras, trabajan con un cliente que los contrato, por lo regular el proyecto se lleva a cabo en las instalaciones de la empresa.

Las empresas contratan a las consultoras para realizar ciertas aplicaciones y se trabaja en las oficinas de la consultoría y se realizan juntas con el cliente.

En las empresas, sus clientes son sus mismas áreas de compras, marketing, ventas, etc. las que solicitan nuevos proyectos, actualizaciones o regulatorios.

Tienen a su personal de Testing o contratan a las consultoras para que tengan al equipo de Desarrollo o Testing,

Puede haber más combinaciones, solo comento las más comunes.

Oscar Alejandro Arreola Ramírez

Mi primer día de Tester

Imagen 6

Ha llegado el momento, el día en el que te tienes que presentar en la empresa a laborar, te hayan capacitado o no, debes de llegar con toda la actitud de aprender y adaptarte rápidamente.

Una vez que ingresas, lo más importante es saber qué rol es el que tienes y en qué fase de proyecto te encuentras, recuerda que la cualidad de un Tester es que no importa en qué fase del proyecto entres en la empresa, si has entendido las etapas del proceso y lo que tienes que hacer en cada una de ellas, no tendrás ningún problema para adaptarte.

Inicia solicitando la información del Negocio solicita la documentación de los procesos, para que puedas comprender más rápido, como funciona, que se va a probar, esta es una etapa en donde muchas veces tienes que ser autodidacta, recuerdas que a veces tu jefe te manda con la persona incorrecta para enseñarte, es donde tienes que esforzarte para aprender conceptos, formas de expresar los términos, los nombres de los aplicativos, es esencial que te los aprendas, es una buena forma de hacerles saber que día a día estas aprendiendo y rápidamente te estas familiarizando con los términos que usan en la empresa.

Si te toca una persona que realmente le gusta enseñar y que te va a mostrar adecuadamente como se trabaja en la empresa, felicidades, saca el mayor provecho de su conocimiento, ya que eso te servirá para que tengas una adaptación más rápida y puedas comprender mejor tus funciones.

Empieza a hacer relaciones con el equipo, esto te podrá ayudar en un mediano a largo plazo, identifica cuales son las personas que te pueden ayudar para las distintas peticiones que puedes hacer en un futuro, la persona de Datos, la Persona del Negocio, etc. Esto te ayudará a saber con quién dirigirte.

Si hay material de capacitación empieza a estudiarlo, a entenderlo a veces esta etapa se podría decir que puede llegar a hacer aburrida, ya que por lo regular pasan uno o dos días hasta que tengas equipo, te configuren el correo, te den acceso a los aplicativos.

Investiga si existe un ambiente DEMO, para que puedas practicar y puedas iniciar navegación en este, te puede ser de mucha ayuda para que puedas ir familiarizándote con el software.

Si no hay material de capacitación ni tampoco DEMO, bienvenido al mundo real, suele pasar que eres el encargado de realizar las pruebas pero no tienen todavía definido como se va a probar, solicita el material que hay, documentos, bosquejos, parte de la idea de desarrollo, muchas veces tienen algún material pero no está actualizado, te puede servir para darte una idea.

Oscar Alejandro Arreola Ramírez

Documentación de los Procesos

Es importante que el área del negocio tenga documentado su proceso, es lo más conveniente, lamentablemente la mayoría de las empresas, solo tienen cierta parte documentado o nada, entonces cuando llega un persona nueva, se llevan la sorpresa de que no hay documentación para conocer el proceso y dependes de ciertas personas que tienen el conocimiento, el problema es, que si te pueden explicar dependes totalmente de su disponibilidad de tiempo para que te puedan indicar cómo funciona el proceso, solicitar accesos, etc. Empresas deben tener la documentación de los procesos actualizada.

Los Testers con mayor experiencia, usualmente crean guías de algunos procedimientos, esto lo debería de realizar el Manager, darse el tiempo y no que sea como un castigo a los Testers para mantenerlos ocupados, que hagan ese procedimiento.

Es muy mala idea que manden a los becarios a hacer un manual de un procedimiento que desconoce, el hacer eso y nada es lo mismo, por favor no lo hagan.

Definiciones

Lo más importante que tienes que saber es, que es un Tester y que hace un Tester.

Testing: Es el proceso de ejecución de un sistema para encontrar Defectos, incluye la planificación de las pruebas previo a la ejecución de los casos de prueba.

Tester: Profesional encargado de probar Software que regularmente participa en todas las etapas de Desarrollo del Software. Elemento fundamental para asegurar la máxima calidad del producto.

Su perfil incorpora un conjunto de habilidades, con el conocimiento del negocio y de la aplicación a probar, con una combinación para Planificar, Diseñar, Ejecutar y Administrar las Pruebas de Software.

Desarrollador: Profesional encargado de Crear, modificar o actualizar el código, para crear el software solicitado por el cliente, así como encargado de la implementación y mantenimiento del software.

Quality Assurance (QA): Es el conjunto de actividades encaminadas a lograr que el desarrollo y/o proceso tenga la mejor calidad para garantizar que el sistema funcione correctamente.

Tester QA: (Tester Quality Assurance): Persona que realiza un conjunto de actividades incluyendo probar el software, con el objetivo de asegurar la calidad de este durante todas sus fases.

Su perfil es el de un Asegurador de la Calidad, aparte de ser Tester, él tiene a su cargo varias tareas que suman calidad al proyecto.

La diferencia clave es recordar que las tareas de QA están enfocadas en el proceso de desarrollo del producto, mientras que Testing están enfocados en el desarrollo del producto mismo.

Error: Acción humana que produce un resultado incorrecto.

Defecto: Es el Resultado de un error en el Software, suele llamarse bug.

Fallo: Desviación de un componente o sistema en comparación del resultado esperado.

Caso de Prueba o Test Case:
Es un conjunto de valores de entrada, con ciertas precondiciones, con resultados esperados, es la forma en la cual se debe ejecutar el caso de prueba y verificar los resultados.

Estas definiciones son las que nos rigen de acuerdo a las definiciones estándar de IEEE 29119.

Oscar Alejandro Arreola Ramírez

APRENDIENDO EL MÉTODO

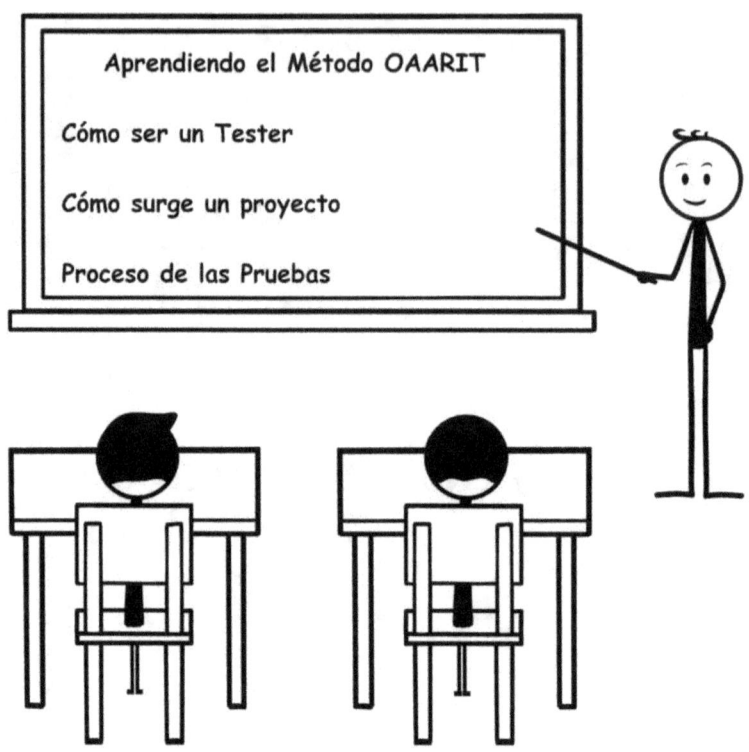

Imagen 7

Oscar Alejandro Arreola Ramírez

Cómo surge un Proyecto

Los proyectos surgen a partir de una necesidad, el cliente se da cuenta que necesita un sistema que realice ciertos procesos y esto le va a traer clientes, va a mejorar sus ventas o va optimizar sus procesos.

La empresa se da cuenta que tiene que atraer a más clientes, con servicios enfocados a resolver sus necesidades.

Habíamos hablado que estamos ante un boom tecnológico, las empresas tienen que hacer cambios y evolucionar más rápidamente a como hace algunos años, uno de los cambios habituales hoy en día es mudar su programa, su aplicación de una computadora a un Smartphone por ejemplo. Esos cambios, esas creaciones, innovaciones llevan un proceso de creación.

Por lo regular en las empresas sus principales clientes son sus áreas de ventas, mercadotecnia, servicios, procesos etc., se dan cuenta de la necesidad que se tiene y solicitan la creación del proyecto.

El proceso en general inicia con la solicitud y justificación del proyecto, se revisan los costos de creación, operación etc., pasa por un proceso de aprobación, donde determinan el costo del proyecto entre otras cosas, se aprueba y se le asigna responsable.

Por lo regular es un PM Project Manager quien empieza a realizar reuniones con varios equipos que van a participar, las áreas responsables empiezan a asignar personas de su equipo que se van a estar encargando del proyecto.

Comúnmente para iniciar la creación de un software, se requiere de un grupo importante de personas que van a realizar distintas actividades para que el nuevo software o el cambio en el software que se solicite llegue a buenos términos, este libro está enfocado principalmente a mostrarte las actividades que hace un Tester y a las actividades de las pruebas que se deben de realizar para que el Software salga a producción, mencionaremos en algunos capítulos las intervenciones de otros equipos.

Las pruebas interactúan directamente con el Desarrollador, ya que él, es el que va a crear y hacer las modificaciones necesarias en el código para que el Tester tenga con que poder probar el Software.

También veremos algunas funciones que realiza el Desarrollador y algunas pruebas que debe de realizar como parte de su creación o modificación del código.

Kick Off

Hace referencia a la patada inicial o al inicio del Proyecto, donde se hace una reunión inicial con todas las áreas que van a participar, así como con el equipo de Testing.

Si tienes la oportunidad de llegar a la empresa en esta etapa, es la más importante porque todo inicia desde cero y es más fácil ya que vas aprendiendo todo el ciclo de vida del proyecto. Te da una gran experiencia ya que comprendes todo el proceso de las pruebas.

Cómo ser un Tester

Oscar Alejandro Arreola Ramírez

Proceso de las Pruebas

Comúnmente el proceso fundamental de las pruebas que se utiliza en la mayoría de los proyectos consta de 5 actividades que describo a continuación.

Planeación de las Pruebas
Se define la estrategia que se va utilizar en las pruebas, se define el alcance, el objetivo, se determina el método de las pruebas, la estrategia, los recursos y herramientas a utilizar.

Análisis y Diseño de Pruebas
Se identifican los casos de prueba que se van a crear en base a los requerimientos, se identifican los datos de la prueba y se inicia con el diseño de los casos de prueba.

Implementación y Ejecución de Pruebas
Se inicia la ejecución de las pruebas en base a la prioridad o a la planeación de la ejecución. Se verifica que el resultado esperado de cada prueba es el solicitado de acuerdo a la matriz de requerimientos por el cliente.

Inician comúnmente las pruebas de automatización, estas pueden ser las pruebas de regresión.

Inician las Pruebas de Performance, para validar el rendimiento del Sistema creado.

Reportes de Avance
Se muestra el estado y avance de las actividades de prueba durante la etapa de desarrollo y ejecución.

Finalización o cierre de las Pruebas
Se verifica que las pruebas cumplan con los criterios de finalización de pruebas especificados.

Se realizan la Generación de Informes.

Ya con las metodologías agiles, este proceso va a estar evolucionando, sin embargo este es el proceso que actualmente predomina en todas las pruebas, es lo primero que debes de conocer para saber las actividades que como Tester vas a realizar.

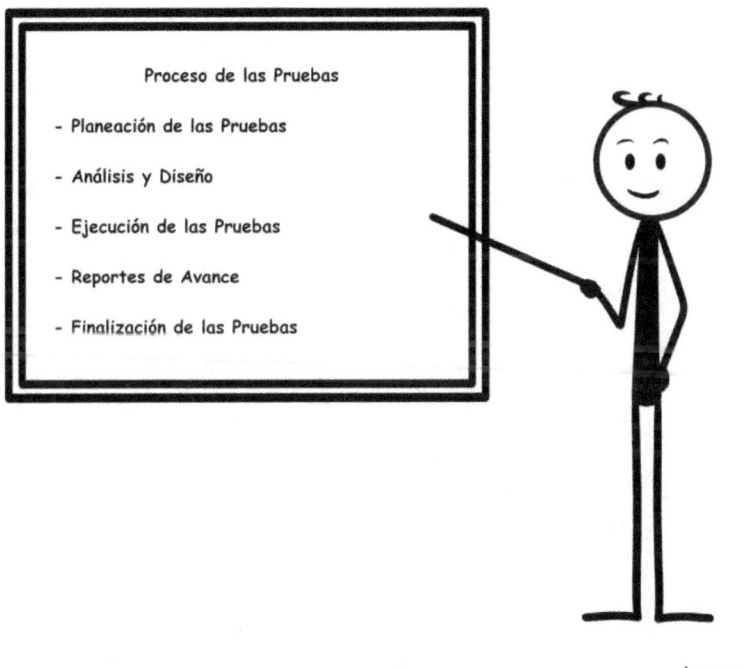

Imagen 8

Cómo ser un Tester

Oscar Alejandro Arreola Ramírez

Tipos de Proyectos

Regularmente los proyectos se dividen en 3 principalmente:

Nuevos Proyectos: Es cuando se está creando un proyecto completamente nuevo que se va a implementar en la empresa, pero por lo regular suelen tener interacción con el software que ya existe, al software que ya existe se le tendría que realizar pruebas de regresión para revisar que no haya sufrido algún cambio de lo que ya venía funcionando bien.

Actualización/Cambios de Proyectos: El aplicativo ya existe solo se van a realizar ajustes o cambios pero de un software que ya está operando. Una de sus mayores características es que vas a utilizar pruebas de regresión, recuerda que te tienes que asegurar que lo que funcionaba bien, siga funcionando correctamente a pesar de los cambios y actualizaciones.

Proyectos Normativos/Regulatorios: Son proyectos donde comúnmente las autoridades regulatorias del negocio al cual se dedica la empresa que regula el sector, te indica que tienes que tener este cambio en todas tus operaciones para tal fecha.

Un ejemplo seria, si cambias de moneda o se modifica el IVA que ahora será a 17%, el gobierno le indica a todas las empresas que tienen un año o solo algunos meses para que toda su operación funcione con el nuevo cambio.

Estos proyectos comúnmente tienen prioridad, porque si no la empresa se puede hacer acreedor de multas, sanciones, suspensiones de su operación. Estos proyectos pueden ser para WEB, Móvil, Software interno, etc. Es un mismo principio.

Comúnmente las empresas suelen tener demasiados proyectos en proceso, pero si más de la mitad los vas a cancelar por diversos factores, falta de presupuesto, problemas de compatibilidad, etc. no te sirve de nada, se debe procurar tener los suficientes proyectos nuevos o modificaciones de los proyectos alcanzables para un año o máximo año y medio, si planeas para más tiempo puedes perder perspectiva.

Ahora hay más variaciones o proyectos híbridos, pero recuerda que estamos en un curso básico, en otras ocasiones comentaremos al respecto, mientras enfócate para que aprendas las bases del Testing.

Cómo ser un Tester

Proyectos Piloto

Es importante saber trabajar en los proyectos piloto, como área de Testing tienes oportunidad de utilizar nuevas estrategias, capacitar al nuevo personal y puedes sacar provecho de nuevas formas de trabajo, para verificar como se trabaja.

También es importante que se comunique al cliente todas las situaciones que pudieran surgir, dudas, formas de trabajo, documentación, si los procesos cambian mucho, que tipo de proyecto es, si es chico, grande, que metodología tiene, preguntar si es un proyecto grande y quieren usar una metodología diferente, si realmente han contemplado lo que conllevaría cambiar al proyecto de metodología, cuando el proyecto ya ha iniciado, la forma de obtener los datos. El área de Testing debe de mirar su área y todas las interacciones con las demás áreas.

Cuando es el área de QA la que se va a crear, debe de ser más minuciosa en ese aspecto revisando todo el funcionamiento del cambio y si están considerando todas las posibles desviaciones y situaciones que se puedan presentar.

Si a partir de este proyecto aceptan que sea la nueva forma de trabajo en toda la empresa, es frecuente que aparezca un poco de resistencia por parte del personal, esto es normal, están acostumbrados a trabajar de cierta forma y la nueva forma de trabajar los podría confundir, molestar o desmotivar, se debe de explicar muy bien al equipo que va a participar en estos proyectos.

Debes eliminar rumores, malos entendidos, anunciando las fechas a partir de cuándo será la nueva forma de trabajar, dando a conocer quiénes serán los que estarán coordinando el cambio de proyecto e indicando que pueden resolver cualquier duda, revisa, integra, informa, compromete y convence al personal de la nueva forma de trabajar, recuerda no es tan rápido pero una vez que todos entiendan el proceso, tu personal se adecuará a la nueva forma de trabajar, a los nuevos documentos, etc.

La idea es mostrar el valor del nuevo proceso, que es lo que vas a aportar en resultados si haces el proyecto de esta nueva forma.

Imagen 9

Cómo ser un Tester

Oscar Alejandro Arreola Ramírez

Alcance de las Pruebas

El alcance de las pruebas se refiere de acuerdo al proyecto, que es lo que van a contener las pruebas, es decir hasta donde van a llegar.
Por ejemplo:

Se va a realizar un Programa que pueda pagar los servicios como luz, agua, gas, en línea, va por sitio Web (para que por medio de una computadora el usuario ingrese a internet a un sitio a pagar el servicio) y va por Dispositivo Móvil (el usuario podrá bajar la aplicación y a través de ella podrá pagar los servicios) solo Android.

Ya determinamos que es importante tener un área de Testing, pero la pregunta es por cuanto tiempo vas a probar el software, ¿Cuántas pruebas son Suficientes?

Esto es muy fácil, las pruebas de Testing están basadas principalmente en el plazo y en el presupuesto que se tiene para el proyecto así como también la disponibilidad de los recursos, esto va a determinar el esfuerzo a dedicar al proceso de pruebas.

Alcance
De acuerdo al plan de Pruebas el alcance de las pruebas se determinó y se empezó a cerrar con los requerimientos, es importante cerrarlo y plasmar en el documento el alcance del proyecto, el alcance de desarrollo que se va a realizar y el alcance de las pruebas de Testing. El área de negocio te tiene que dar el VoBo. del alcance.

Suele suceder que antes de las pruebas, el cliente revisando los casos de prueba, el cliente solicita un cambio de alcance.

Esto ya no se puede hacer, el cliente ya firmo el documento cerrando el alcance de las pruebas, lo que se podría hacer es pasar el cambio a una segunda fase del proyecto.

Por ejemplo:

Requiero que esté disponible también para el iPhone.

Hay varios factores que se tienen que analizar, que impacto por parte de Desarrollo y por parte del área de pruebas tendrá el que se agreguen nuevos elementos que no se habían contemplado, ya que esto va afectar las fechas de todo el Plan de trabajo, así como la entrega.

Cómo ser un Tester

Oscar Alejandro Arreola Ramírez

Permitir el cambio del Alcance

Al permitir el cambio de alcance que pueda solicitar el cliente durante el proyecto conlleva a riesgos, primero se tiene que analizar por todas las áreas involucradas en el proyecto que tanto va afectar, el cliente va a solicitar el nuevo cambio, pero va a exigir que quede en el mismo tiempo planeado del proyecto sin estimar el cambio. Se debe de tener cuidado, más, el área de Testing para levantar un riesgo e indicar que por ese cambio tal vez no salgan en el tiempo estimado del proyecto.

Ahora si aceptas un cambio, el cliente o usuario va a decir, hay que solicitar más cambios, literalmente le abres la puerta para que, a mitad, al final del proyecto te esté solicitando más cambios y es tiempo que el Desarrollador va a absorber y también el área de pruebas.

Recuerda que al aceptar varios cambios de alcance la documentación también se va a ver afectada, por lo que habrá que modificar las matrices, con los nuevos cambios. Si los cambios son estéticos, se podrían considerar, color, lugar de los botones etc., esos cambios no requieren mucho código ni mucha validación, pero si el cambio es demasiado grande. No van a salir en las fechas.

Considera que hay proyectos pequeños y grandes, por lo que no es lo mismo aceptar los cambios a un proyecto grande, la dimensión es mucho mayor que a un proyecto o cambio pequeño.

Oscar Alejandro Arreola Ramírez

Como Asignar Líderes de Prueba

Como Manager de Testing debes de saber quién va a poder ser líder de prueba, de repente dentro del equipo se tiene que asignar a alguien como Líder de Pruebas, entonces tienes la tarea de dividir al equipo y tienes que elegir a alguien de tu equipo, recomiendo que consultes con tu equipo de Líderes o con tu Equipo de Testing con más experiencia, el Líder debe de saber trabajar bajo presión, no volverse loco, saber manejar a los Testers, saber tomar decisiones. De eso depende del éxito del equipo o no.

Aquí sucede que como el manager no los conoce selecciona al azar, el que le parece correcto. Error, resulta que al que eligió, no sabe dirigir al equipo, no sabe estar en las reuniones, se estresa al revisar el trabajo del equipo, para contabilizar el avance, no sabe leer la herramienta, no sabe coordinar al equipo ni las funciones, no sabe comunicar ideas, sugerencias, opiniones. Entonces ahora tienes más problemas que soluciones, porque no va salir bien el proyecto, a medio proyecto tienes que cambiar al recurso y eliges al recurso que desde un principio hubiera estado perfecto para el puesto, pero ya está resentido porque no lo tomaste en cuenta y regresas al anterior a ser Tester por que no pudo realizar la tarea, ya tienes dos personas resentidas y sobrevaloradas para bien o para mal, porque no te tomaste el tiempo para analizar.

Suele suceder, que como no analizaste a tu equipo, asignas de jefe a quien menos conoce del proceso, porque le viste otras cualidades, por ejemplo es mejor negociador, si pero como va a negociar algo que no conoce. Debes de revisar a quien asignas de líder.

Como diría Rafael Casuso "Si eres Manager, Dedica más tiempo a hablar día a día con tu Equipo y menos a configurar el Jira, más tiempo a definir objetivos claros y a motivar que al Gantt, más tiempo a construir solidaridad y reparto de conocimiento y menos a reuniones estériles, más tiempo a hablar con cada miembro del equipo, entenderlo, motivarlo, hacerlo crecer, repartir conocimiento y equilibrar es más difícil que sentarse y tratar con herramientas de Software".

Yo agregaría Manager dedica más tiempo a analizar estrategias, para saber cómo vas a atender los proyectos y cómo vas a asignar tus recursos, como crear una columna vertebral con tu gente con más experiencia y a tus nuevos recursos como los vas a reforzar, dedica más tiempo a mantener informado a tu equipo, a evitar la rotación, reforzar el compromiso del equipo, no asignes tareas por asignar, no satures a tu equipo, no lo dejes a la deriva.

También hay Testers que siendo líderes se comportan pésimo con el resto de su equipo, porque les diste el poder, hay que saber detectarlos. Asígnales actividades y ve como son con el equipo. Recuerda que el tomar una buena o mala decisión lo sabrás al mediano o corto plazo. Tu equipo de expertos se te va por que ya no aguantan al que asignaste de líder, los trata mal, los explota, les exige, pero él no hace ninguna tarea.

Debes de seleccionar a alguien que cuando tú no estés, él se ponga en hombros al equipo, apoyándolo, resolviendo temas, etc. Si tomas mal la decisión y no estas o estas en junta y si tu equipo de Testers tiene dudas, quieren consultar y no cuentan con él, no te sirve, no te está apoyando.

Les cuadra la historia, pasa todo el tiempo ¡se repite y se repite!. Los Jefes no tienen una buena lectura del proyecto desde el principio, de tu personal, de los tiempos y del esfuerzo.

Yo siempre he creído que si al Tester o a cualquier empleado se le tiene que exigir resultados, es parte del trabajo, pero siempre déjalo ir a su hora de salida, tiene una vida allá afuera, sé flexible, comprensible y humano.

Él te va a pagar con resultados, y si un día o durante varios días se tiene que quedar más tiempo o trabajar los fines de semana, él te va a responder.

Pero una vez acabado el proyecto o la actividad prioritaria regresa a lo mismo, no se equivoquen, esa no es la forma de trabajar permanentemente, tratando mal a tu personal, mirando feo y molestándose porque la gente se va a su hora, solicitándole cosas 5 minutos antes de salir, trabajar por trabajar dejándoles tareas sin valor sin sentido, obviamente en cuanto puedan se van a ir y en algún momento te vas a arrepentir de haberlo tratado así.

Valoren al personal, respétenlo y él les pagara con resultados.

Yo eh tenido a cargo a Testers en un área donde todos los demás salían tarde, yo hablaba con mi equipo y les indicaba, señores vamos a trabajar todo el día, requiero su máxima concentración y esfuerzo para que podamos salir a nuestra hora y no venir los fines de semana, lo hacíamos, sacábamos los proyectos sin salir tarde y sin tener que trabajar los fines de semana, adivinen que paso, a los jefes les pareció mal esto, en lugar de preguntarme como lo había realizado, para poder seguir con ese ejemplo y replicarlo a los demás grupos, lamentablemente me ordenaron quedarme más tarde, les molesto que yo y mi equipo saliéramos temprano, nos teníamos que quedar y preguntar a los demás si requerían algo más y apoyarlos para salir tarde y venir los fines de semana.

No lo podía creer ¡Pues perdí a mi equipo y la empresa me perdió a mí! Tristemente muchos jefes no saben valorar a las personas y al equipo que tienen. Por eso les llamo jefes y no líderes.

Últimamente he visto Jefes un poco más abiertos en ese aspecto, quiero suponer que esos jefes tóxicos van de salida, por que las empresas se tienen que dar cuenta que requieren líderes.

Oscar Alejandro Arreola Ramírez

Creando un Equipo

Es importante que si eres un líder de Pruebas, tengas el conocimiento de saber armar tu equipo de trabajo y que a pesar que te enfrentes a un jefe y no a un líder, luches para que te permita armar tu equipo. Si no eres un líder, sugiere a tu líder de pruebas que arme un buen equipo.

El armar un equipo es una parte fundamental y es una estrategia única para abordar los proyectos.

Primero asegurarte que tu equipo está asignado al proyecto y que no te lo van a cambiar hasta que termine el proyecto para que tengas la seguridad de que un miembro del equipo no salga a la mitad del proyecto y te afecte.

Identifica y analiza previamente a cada uno de los Testers para que puedas armar tu equipo y no tengas un talento desperdiciado. Recuerda que cada elemento que vaya a estar en tu equipo te tiene que aportar algo en cada puesto, por lo que es fundamental poner a la gente correcta en el puesto correcto dependiendo de sus habilidades y capacidades.

Se requiere un **Tester Experto en el negocio**, que tenga la experiencia necesaria y el conocimiento en la documentación, si ya existe perfecto, pero si no, asigna al Tester para esa tarea, donde muchas veces va a tener que ser autodidacta, leer todos los manuales posibles, si no hay manuales, entrevistarte con el cliente encargado del negocio para que le pueda explicar el funcionamiento.

El deberá aprender que funciones realiza el cliente para poder aplicarlo en el software. Con el conocimiento adquirido sabrá que pruebas realizar y saber que funciones son las más importantes.

Si el Proyecto es demasiado grande requieres más Testers expertos en los negocios.

Requieres un **Tester Experto en Defectos**, que sepa la aplicación de administración de proyectos que usa la empresa y que sepa levantar un defecto, anexar las evidencias, recuerda que es más fácil y más rápido que sepa a quien asignar los defectos dependiendo de que cada desarrollador está encargado de un módulo en específico y poder avisar a los Tester en cuanto tenga respuesta del defecto.

Facilitador, su función es única, él debe de informarse si el ambiente está disponible para probar, cuales son las ventanas de tiempo, cuando no se debe de probar, donde los desarrolladores tienen que bajar el sistema para subir cambios, actualizaciones y correcciones de defectos. Él también puede estar al pendiente de solicitar al área de desarrollo el versionamiento de los cambios que se realicen al sistema. Si se requiere de un dato en específico los Testers deben de solicitarlo a él, para que él pueda solicitar a las áreas correspondientes el dato. Es la persona que sabe que puertas tocar y quien nos puede apoyar.

Tester Líder: Él se va a encargar de coordinar las pruebas y acudir a las juntas y bajar la información al equipo, recuerda que las decisiones u órdenes que se tomen en las juntas si el líder no las comunica al equipo, se corta la comunicación y pueden empezar los errores. Esas órdenes las tiene que comunicar al equipo ya sea por email o hablando con el equipo. Va a hacer acuerdos, estimar tiempos de entrega, etc.

Tester Encargado de la Ejecución: Él se va a encargar de elaborar el plan de la Ejecución de todas las pruebas, te sugiero que realice la estrategia en base a los Tester y a su expertiz, en base al ambiente de pruebas, colaborando con desarrollo para saber que van a tener primero y en base a los datos que les van a facilitar.

El también elabora las pruebas cuando se requiere hacer pruebas del sistema caído o time outs, debe de solicitar esas ventanas de tiempo para las pruebas.

Testers: Es el grupo que te está probando pueden ser 2 o 3 Testers ellos van a estar sin parar probando y van a usar tu técnica de avance, mientras los demás se encuentran apoyando, registrando defectos, acudiendo a las juntas.

Recuerda que mientras más pruebas hagan, tu equipo de Testers se van a ir volviendo expertos en los módulos a probar y eso lo tienes que considerar para que tus pruebas sean más rápidas.

Deben de hacer los reportes, son muy importantes ya que estos van a reflejar el avance o el retraso que se está dando en el proyecto, con ellos das a conocer el estatus del proyecto y en base a este reporte se van a tomar decisiones, se informa a los jefes los estatus.

En la Etapa de Ejecución, deben reportar el avance, el retraso, los defectos, la desviación de lo planeado con lo real y los defectos, que severidad se tiene, complejidad y errores o riesgos que se pueden presentar.

Por lo regular todos los Testers al final de día deben de mandar su reporte de avance de casos pasados y defectos. Este se lo envían al líder para que mande el reporte de avance a las áreas e indique problemas y riesgos que se han encontrado a lo largo de la ejecución. Algunas empresas lo solicitan diario o semanal en el proceso de las pruebas.

Te sugiero que alternes a cada uno de los Testers para que realicen el reporte y todos sepan realizarlo y a quien mandarlo, por si alguna de las personas falta o no puede asistir por algún motivo, todo sepan realizarlo y se respalden.

"Crea a tu Equipo de Testing para obtener mejores resultados"

Imagen 10

Cómo ser un Tester

Oscar Alejandro Arreola Ramírez

Trabajando en Equipo

Una vez integrando al Equipo recuerda realizar reuniones semanales. Las reuniones semanales son muy importantes porque vas a enfocar a tu equipo a que realice el trabajo, el proceso que solicita el cliente de forma ordenada y sincronizada.

Si tú has tenido juntas con el PM, líder, gerentes y se tiene que informar de situaciones, cambios que se presentan en el proyecto, tienes que informar a tu equipo.

Las reuniones te van a servir para conocer el avance de cada integrante de tu equipo, si se está presentando una situación que ellos no pueden resolver, dar el apoyo y tomar la batuta del problema, darle el seguimiento para la solución efectiva.

Revisar la documentación de tu Equipo, se puede utilizar los Peer Review, saber si los reportes están correctos.

De hecho es la oportunidad de anticiparse y poder enseñar a que todos tus integrantes realicen los mismos reportes, revisar formatos, que se encuentren actualizados a lo que solicita el cliente, revisar que los reportes se realicen correctamente y si no corregir y capacitar para que todos realicen el mismo trabajo.

Imagen 11

Cómo ser un Tester

Oscar Alejandro Arreola Ramírez

Administración del Tiempo

El tiempo es fundamental en el área de Testing, el saber el timing para saber que tareas puedes realizar, adelantar y si puedes difundir el mismo mensaje a las demás áreas, vas a optimizar y potenciar el proyecto en el que estés.

No importa que pertenezcas a una célula, un equipo chico, un equipo grande, si eres becario, Tester, Tester Sr, Test Leader o Manager, realizando una buena estrategia en conjunto con todo el equipo de Testing, vas a optimizar tu proceso. Y si las demás áreas revisan como estas trabajando, ellos pueden copiar tu proceso de optimización de tiempo al proyecto, el resultado será todavía mejor.

Es lo que los jefes no acaban de comprender, para ellos es normal trabajar hasta morir, lo más seguro, lo más confiable, explotar a tu equipo, porque no entienden que si desde el principio arreglas y funcionas como debe de ser, no habrá necesidad de trabajar tiempo extra. Ha veces se tienen tiempos libres en donde los jefes lamentablemente te asignan tareas que no tienen sentido.

La tarea es convencer al Equipo de lo que estas realizando, para que te sigan y se apliquen, realizando esto, los factores externos, no te van a afectar tanto, si puede haber alguna desviación, pero si el equipo de Testing realiza las cosas como deben de ser, se hará mucho más dinámico y fuerte a desviaciones, estará listo para las pruebas.

Oscar Alejandro Arreola Ramírez

Principales Herramientas

Para tener el registro de tus pruebas y Defectos es necesario tener una aplicación que te ayude a administrar, que puedas subir tus casos de prueba, tu cobertura, etc., lo más recomendable es que sea en línea es decir, que si tu ejecutas y encuentras un defecto, lo asignas al desarrollador por medio de la herramienta, le llegará vía correo electrónico, la notificación de que tiene asignado un defecto, este lo corrija y en línea te indique que lo puedas volver a probar, mientras los líderes o encargados de revisar el proyecto tengan la visión de lo que está pasando en un tablero donde se muestre el avance de las pruebas y de los defectos.

Que la herramienta pueda generar reportes o gráficas que les pueda servir a los testers para mandar los reportes de avance diarios y a los encargados mostrar en las juntas el avance.

Estas son algunas herramientas que se pueden utilizar, unas son Open Source (licencia Gratis) y otras son Comerciales, requieren comprar la licencia.

Herramientas Open Source

Herramientas de gestión de pruebas
Bugzilla Testopia
FitNesse
qaManager
qaBook
RTH (open source)
Salome-tmf
Squash TM
Test Environment Toolkit
TestLink
Testitool
XQual Studio
Radi-testdir

Data Generator

Herramientas para pruebas funcionales
Selenium
Soapui
Watir
WatiN (Pruebas de aplicaciones web en .Net)
Capedit
Canoo WebTest
Solex
Imprimatur

Herramientas para pruebas de carga y rendimiento
JMeter
Gatling
FunkLoad
FWPTT load testing
loadUI

Herramientas comerciales

Herramientas de gestión de pruebas
HP Quality Center/ALM
Silk Central
QA Complete
T-Plan Professional
QAS.Test Case Studio
PractiTest
SpiraTest
TestLog
ApTest Manager

Herramientas para pruebas funcionales
Ranorex
Silk Test
QuickTest Pro
Rational Robot
SoapTest
Test Complete

Herramientas para pruebas de carga y rendimiento
HP LoadRunner
IBM Rational Performance Test (RPT)
LoadStorm
NeoLoad
WebLOAD Professional
Webserver Stress Tool
Load Impact

Solo menciono algunas de las más conocidas y mencionadas en wikipedia, pero hay muchas más que las empresas utilizan para gestionar, realizar pruebas, etc.

Oscar Alejandro Arreola Ramírez

Metodologías

Las metodologías de desarrollo de Software son un conjunto de técnicas de modelado de sistemas que permiten desarrollar el software. Es importante considerar que cualquier metodología que la empresa elija, la va a cambiar o a modificar de acuerdo a sus necesidades y a su forma de trabajo, por lo que no usan una metodología pura o exacta a como se describe en los conceptos, por eso suele presentarse una confusión al conocer una metodología pero no se muestra como en los libros o cursos que comúnmente se toman. Mi recomendación es que se tiene uno que adaptar, no cerrarse y aprender a lidiar con ello, no es que este bien o mal, pero suele pasar que no aprovechan al máximo la metodología y combinan metodologías, hacen un tipo híbrido pero esto o puede funcionar y darles los resultados esperados o caen en un sobreproceso dando vueltas a las cosas y no terminan de aterrizar la idea o el proceso que requieren para que en la empresa funcione.

Se trata de implementar el mejor proceso o el más innovador para poder dar mejores resultados y que los proyectos salgan continuamente con éxito y no cancelar la mayoría por que te diste cuenta que te equivocaste o no supiste adaptar la metodología más conveniente a la empresa.

Como Wikipedia nos indica, se presentan varias metodologías.

Modelo Waterfall o Cascada
Es un proceso secuencial, fácil de desarrollo en el que los pasos de desarrollo son vistos hacia abajo (como en una cascada de agua) a través de las fases de análisis de las necesidades, el diseño, implantación, pruebas (validación), la integración, y mantenimiento. La primera descripción formal del modelo de cascada se cita a menudo a un artículo publicado por Winston Royce W. en 1970, aunque Royce no utiliza el término "cascada" de este artículo.

Los principios básicos del modelo de cascada son los siguientes:
Se hace hincapié en la planificación, los horarios, fechas, presupuestos y ejecución de todo un sistema de una sola vez.

Un estricto control se mantiene durante la vida del proyecto a través de la utilización de una amplia documentación escrita, así como a través de comentarios y aprobación hechos por el usuario y la gestión del área TI al final de la mayoría de las fases y antes de comenzar la próxima fase. Modelo V de pruebas soporta los principios de pruebas, y también es lo suficientemente flexible para adaptarse a un proceso iterativo e incremental del desarrollo de software.

Modelo Prototipo
El prototipo permite desarrollar modelos de aplicaciones de software que permiten ver la funcionalidad básica de la misma, sin necesariamente incluir toda la lógica o características del modelo terminado. El prototipo permite al cliente evaluar en forma temprana el producto, e interactuar con los diseñadores y desarrolladores para saber si se está cumpliendo con las expectativas y las funcionalidades acordadas.

Los Prototipos no poseen la funcionalidad total del sistema pero si condensa la idea principal del mismo, Paso a Paso crece su funcionalidad, y maneja un alto grado de participación del usuario.

Modelo Incremental
Provee una estrategia para controlar la complejidad y los riesgos, desarrollando una parte del producto software reservando el resto de aspectos para el futuro.

Modelo Espiral
Sus principios básicos son:

La atención se centra en la evaluación y reducción del riesgo del proyecto dividiendo el proyecto en segmentos más pequeños y proporcionar más facilidad de cambio durante el proceso de desarrollo, así como ofrecer la oportunidad de evaluar los riesgos y con un peso de la consideración de la continuación del proyecto durante todo el ciclo de vida.

Cada ciclo comienza con la identificación de los interesados y sus condiciones de ganancia, y termina con la revisión y examinación.

Metodología Agile
La Metodología de software envuelve un enfoque para la toma de decisiones en los proyectos de software, que se refiere a métodos de ingeniería del software basados en el desarrollo iterativo e incremental, donde los requisitos y soluciones evolucionan con el tiempo según la necesidad del proyecto.

Así el trabajo es realizado mediante la colaboración de equipos auto-organizados y multidisciplinarios, inmersos en un proceso compartido de toma de decisiones a corto plazo.

Cada iteración del ciclo de vida incluye: planificación, análisis de requisitos, diseño, codificación, pruebas y documentación. Teniendo gran importancia el concepto de "Finalizado" (Done), ya que el objetivo de cada iteración no es agregar toda la funcionalidad para justificar el lanzamiento del producto al mercado, sino incrementar el valor por medio de "software que funciona" (sin errores).

Los métodos ágiles enfatizan las comunicaciones cara a cara en vez de la documentación. La mayoría de los equipos ágiles están localizados en una simple oficina abierta, a veces llamadas "plataformas de lanzamiento" (bullpen en inglés). La oficina debe incluir revisores, escritores de documentación y ayuda, diseñadores de iteración y directores de proyecto. Los métodos ágiles también enfatizan que el software funcional es la primera medida del progreso.

Combinado con la preferencia por las comunicaciones cara a cara, generalmente los métodos ágiles son criticados y tratados como "indisciplinados" por la falta de documentación técnica.

En la metodología Agile, el avance es más rápido y tienes de 2 a 3 semanas para hacer un mini proceso de Pruebas y liberar software ya creado, es lo que está de moda, por así decirlo, se anteponen las entregas continuas en todo el proceso, libera los cambios de alcance, aunque en mi opinión estos no deberían de ser tan libres para el cliente, ya que se pierde el enfoque, el liberar tanto el alcance a la parte del negocio y no definir las fechas continuamente si es una parte en lo que se debe de trabajar, si hay un desbalance en toda la documentación que tiene que hacer un Tester, pero por cada Sprint el equipo va mejorando y adaptándose, tampoco es sencillo al principio, tienes que adaptarte a la forma de trabajar, es más dinámica y tienes que hacer entregas continuas de tus documentos como Testers y códigos ya funcionando como desarrolladores, todo en base a las User Stories. Esta metodología la comentaremos en otras entregas.

Cómo ser un Tester

Oscar Alejandro Arreola Ramírez

Sobreproceso

"En mi opinión no importa el proceso que elijas si lo analizas bien y lo sabes adaptar bien a tu empresa, evitas sobre procesos y mejoras lo que tienes que cambiar de acuerdo a tu operación cotidiana, te va a funcionar".

Nunca dejes de revisar tus procesos, "Como estás haciendo las cosas", es la mejor forma de ver si se puede mejorar, si hay fallas o de plano no está funcionando y si tienes una larga fila de proyectos esperando, sin avanzar, felicidades te diste cuenta que tu proceso no es el camino adecuado y que tienes que realizar cambios, porque ya se volvió un cuello de botella.

Iniciar Proyectos con una metodología y quererlos terminar con otra es pésimo para el proyecto, genera confusión entre todas las áreas involucradas, porque no terminas de cambiarlo al 100%, te solicitan los mismos documentos que la metodología anterior, se convierte en un hibrido mal hecho, esto solo pospone el proyecto. Una cosa es hacer una metodología nueva y adaptarla a tu forma de negocio, pero la otra es tienes un proyecto Waterfall y a la mitad lo quieres convertir en Agile.

Inicia un proyecto con una metodología y termínalo con esa metodología, por más que adquiriste la metodología Agile y quieras convertir todos tus proyectos a la vez para que veas el cambio rápidamente, eso no va a ocurrir, al contrario. Si ya tienes atrasos en los proyectos y por eso tomaste la decisión de cambiar de metodología, vas a atrasarlos más, incluso en algunos los pones en riesgo de que los puedan cancelar por el sobreproceso que vas a realizar.

Inicia proyectos Piloto, algunas modificaciones pequeñas, dale experiencia al nuevo equipo y entonces si inicia con proyectos grandes, recuerda que debe de haber una adaptación al cambio de todo el equipo y sobre todo elige bien a tu equipo, blíndalo para que no se vaya y dale todo el apoyo. Los primeros equipos son los que van a iniciar con la nueva metodología y son los que van a enseñar a los demás.

Revisa tu Estrategia

Si tienes que cambiar o modificar los grupos hazlo, revisa el proceso y procedimientos. Me paso en una ocasión liderando un equipo, me di cuenta que los Testers no estaban avanzando en sus pruebas, empecé a revisar y preguntarles cual era la razón de esto, resulta que ellos ya tenían una experiencia de un año en varios módulos, pero que en estos meses les había tocado módulos distintos, no conocían y se les estaba dificultando porque no entendían y estaban aprendiendo al momento de probar, Sugerí cambiar los grupos de los Testers a los módulos donde ya habían probado y tenían más experiencia, las pruebas estaban siendo más dinámicas y rápidas si había algunos módulos nuevos entonces seleccionaba a los Testers con mayor expertiz para que lo aprendieran desde cero.

Si necesitas más testers y son becarios o nuevos, cobíjalos, intégralos, dales el apoyo y revisa quien de tu equipo los puede capacitar, si son todos los miembros de tu equipo mucho mejor, que aprenda de todos incluso de ti. No le den la vuelta, por mucho trabajo que se tenga, el capacitar bien a un elemento te va a servir mucho más, que medio capacitarlo y al final te puede costar eso en más tiempo y en que pueda registrar defectos que no son.

No te cases con tu equipo si un Tester no te está funcionando, no se integra, cámbialo. No digas voy a esperar a que cambie, habla con él, reasígnalo dentro del equipo, pero si no funciona solicita su cambio.

Recuerda que la responsabilidad está en ti, tus debes de saber administrarte y jugártela con el equipo que conformaste, si es otra situación y te impusieron el equipo revisa con tu líder que cambios y mejoras se podrían hacer para sacar el proyecto adelante.

Por favor Jefe, conviértete en un Líder, sean más abiertos a sugerencias, opiniones, nuevas formas de trabajo. No se cierren a una sola idea o metodología, al final todas las aportaciones van encaminadas a un bien común que el proyecto salga al cliente Final.

Oscar Alejandro Arreola Ramírez

Fases del Proyecto

El tener fases se refiere a que está planeado una fase y un alcance para el proyecto definido en los documentos, pero el cliente quiere incluir más cosas, cambios, nuevos menús, etc.

Por ejemplo, que el sistema funcione con Explorador Chrome y que aparte se pueda pagar los impuestos y un nuevo menú.

Se analiza la petición, pero se indica que para esta primera etapa o fase del proyecto no va, se incluiría en una segunda o tercera fase. Por lo regular el proyecto Original se divide en varias Fases o etapas dentro del mismo proyecto para incluir nuevas funcionalidades, mejoras o cambios.

Recuerda que es importante saber que debes de probar primero, saber esto te puede dar mucha ventaja en como realizas tu Plan de Ejecución para que puedas probar en base a tu estrategia de las pruebas, lo mejor es priorizar.

Saber Priorizar

Recuerda que es importante saber que debes de probar primero, saber esto te puede dar mucha ventaja en como realizas tu Plan de Ejecución para que puedas probar en base a tu estrategia de las pruebas, lo mejor es priorizar.

Ten un criterio de ordenamiento, basado en el riesgo, detecta que módulo o parte del sistema es la que tendría más riesgo y si falla que es lo que ocasionaría. Selecciona lo más importante, lo más severo, lo que más podría fallar, lo más visible, lo más probable, lo que el usuario y el negocio en base a su proceso o conocimiento probarían primero, analiza si se puede junto con ellos que sería lo más crítico, también si ya has probado el sistema reúne a los Testers o tú mismo, detecta donde los desarrolladores cambien más cosas a menudo, donde tu hayas detectado el mayor número de defectos, detecta en el sistema donde se presenta lo más complejo y revisa lo más vulnerable.

Todo esto te va a servir para tomar decisiones tanto para tu Plan de Ejecución, o por si te acortan el tiempo de prueba tomar una estrategia y para seleccionar que Testers van a probar que parte del sistema.

Plan de Pruebas

Plan de Pruebas o Test Plan: Es el documento donde se describen todas las tareas, procesos, equipo, etc. que se deben realizar para llevar a buen término el nuevo software.

El Equipo se debe de asegurar que el proyecto cumpla con lo siguiente: Que el Software que se va a crear sea de acuerdo a lo que solicita el cliente (Verificación).

Que el Software cumpla con el cometido para el que fue creado, así como también cumpla con las necesidades del Cliente (Validación).

En este documento también se conforma al Equipo que va a estar participando en el proyecto, empiezan a ver juntas del área de infraestructura, de desarrollo para determinar qué sistema va albergar el nuevo software, que interfaces va a requerir, se identifica cualquier tipo de desviación que pudiera haber, se empieza a crear la planeación de las actividades del proyecto y también se informan los riesgos que pudiera haber a lo largo del proyecto.

Al finalizar queda un documento donde se informa que software se va a crear, donde se muestra el Plan de trabajo, donde el área de desarrollo indica que proceso va a realizar, que cambios, como va a integrar el nuevo software a su programa principal, el área de Testing, integra la Matriz de requerimientos. Este documento es Dinámico, es decir puede seguir actualizándose a lo largo de todo el proyecto. Por lo regular en base a las reuniones que se realizan surge el Plan de Pruebas. En mi curso que imparto, te enseño a realizar un Plan de Pruebas desde inicio fin.

Plan de Pruebas

- Se determinan las necesidades de los usuarios

- Se comprenden las tareas y los objetivos del usuario

- Se comprende el proceso del usuario

- Se negocian las prioridades que se van a implementar

- Se traducen las necesidades y especificaciones al documento creando los requerimientos

Imagen 12

En el Plan de Pruebas el Equipo realiza las siguientes actividades:

- Mantiene y establece los acuerdos de los requerimientos

- Los cambios requeridos se registran son un Control de Versiones

- Se negocian los compromisos basados en el impacto de los cambios

- Se encargan de actualizar periódicamente el Documento

Imagen 13

Cómo ser un Tester

Matriz de Requerimientos

Como lo indica el Glosario de Terminología de Ingeniería de Software IEEE STD. 610.12-1990

¿Qué es un requerimiento? Son las especificaciones de lo que debe ser implementado, como el sistema, producto o servicio debe comportarse. Con sus características y atributos, también considerando sus restricciones.

Es una condición o capacidad necesaria por un usuario para resolver un problema o alcanzar un objetivo.

Gracias al Test Plan o Plan de pruebas nace la Matriz de Requerimientos, que es la lista de todo lo que solicita el cliente, pero aclaro, hay funciones u opciones que aunque las haya solicitado el cliente, primero deben de pasar por el análisis del área de desarrollo para verificar si es viable o no. Es decir no todo lo que pide el cliente para su software es posible. El área de Software debe de acotar de acuerdo a las capacidades del software respecto a su compatibilidad, tiempo, esfuerzo y que sea alcanzable tecnológicamente.

Por ejemplo El cliente indica quiero hacer software que haga que el coche vuele al espacio.

Esto no sería viable porque falta más tecnología o más años de desarrollo para que esto sea posible, recuerden que el software debe de ser alcanzable.

Un ejemplo positivo, quiero que mi sistema que me calcule cuantos usuarios registran a sus clientes para pagar la nómina pero que de esa información el sistema me la grafique.

El equipo de Desarrollo analiza que por el tiempo y por el costo, ellos van a hacer que el sistema funcione y pueda registrar a los clientes para pagar la nómina, pero lo de la gráfica lo va a poder hacer en una segunda etapa o fase del proyecto.

La prioridad es que funcione y se integre a lo que ya está creado por la empresa. Todas las demás peticiones reportes, gráficas, envió de correos, se analizan y se puede mandar a las siguientes etapas o fases del proyecto.

Los requerimientos del proyecto deben de ser correctos, viables, necesarios, con prioridad, completos, verificables, modificables y fáciles de seguir.

Se dividen en tres:

Requerimiento de Negocio: Son los objetivos de alto nivel de una organización, proyecto o cliente requiriendo un producto, servicio o sistema, integrando un documento que describe la visión y el alcance del proyecto, el objetivo del proyecto se va a convertir en un requerimiento de negocio.

Requerimiento de Usuario: Representan las tareas y procesos que se deben realizar para crear el servicio.

Requerimiento Funcional: Se refiere a la funcionalidad detallada que los desarrolladores deben construir del servicio, que el usuario pueda a través de su creación llevar a cabo sus tareas y así satisfacer las necesidades del requerimiento de usuario y de negocio en consecuencia.

Es recomendable realizar una inspección formal para realizar la Matriz de Requerimientos, analizando, consultando con el cliente, el equipo de desarrollo y el equipo de pruebas, identificar los componentes del sistema que van a hacer afectados o integrados, identifican las tareas que se tienen que efectuar, estimar esfuerzo, costo y algunas otras situaciones para verificar que se ha comprendido completamente como y que va a ser el nuevo Software.

Recuerda que de la definición y análisis de los requerimientos van a nacer los casos de prueba.

Imagen 14

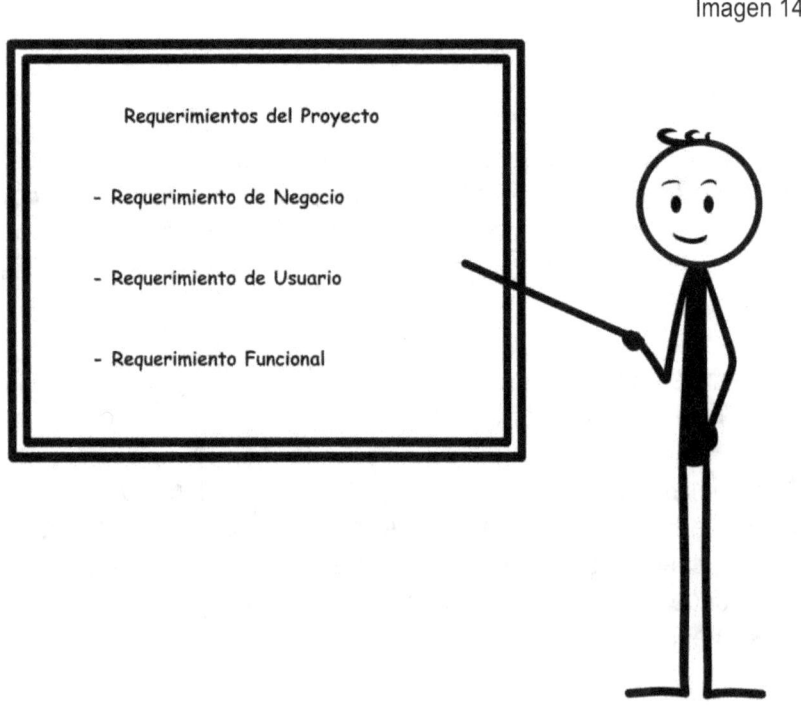

Oscar Alejandro Arreola Ramírez

Matriz de Identificación de Casos

Una vez definida la Matriz de Requerimientos, para el equipo de Testing es la base de lo que se tiene que probar para validar que el sistema, cumple con las características que el cliente solicito.

Con ella vas a poder identificar que se puede probar y vas a ir elaborando los nombres de los casos.

En las metodologías Agiles se utilizan las User stories para realizar la Matriz de Identificación de Casos. Pero esa es otra historia.

Oscar Alejandro Arreola Ramírez

Matriz de Casos de Prueba

Una vez realizado la Matriz de Identificación de Casos, se iniciara la creación de los casos de prueba, también se llama Script de Prueba, esta debe de ser lo suficientemente detallado, claro, conciso para que cualquier Tester que lea el script pueda ejecutar la prueba.

Vas a describir la secuencia de acciones que el usuario va a tener que hacer en el sistema para llevar a cabo las pruebas.

Recuerda que también ya debes de tener una idea o tener claro que datos de prueba vas a necesitar por lo menos para saber que necesitas para iniciar el caso.

También es importante conocer el resultado esperado de cada caso de prueba, es decir con la acción, que vas a generar, se va a tener un resultado ya sea positivo o negativo, debes de tenerlo claro antes de su ejecución.

El Script de prueba debe de ser una guía precisa y confiable de lo que se debe efectuar y verificar cuando estés ejecutando la prueba.

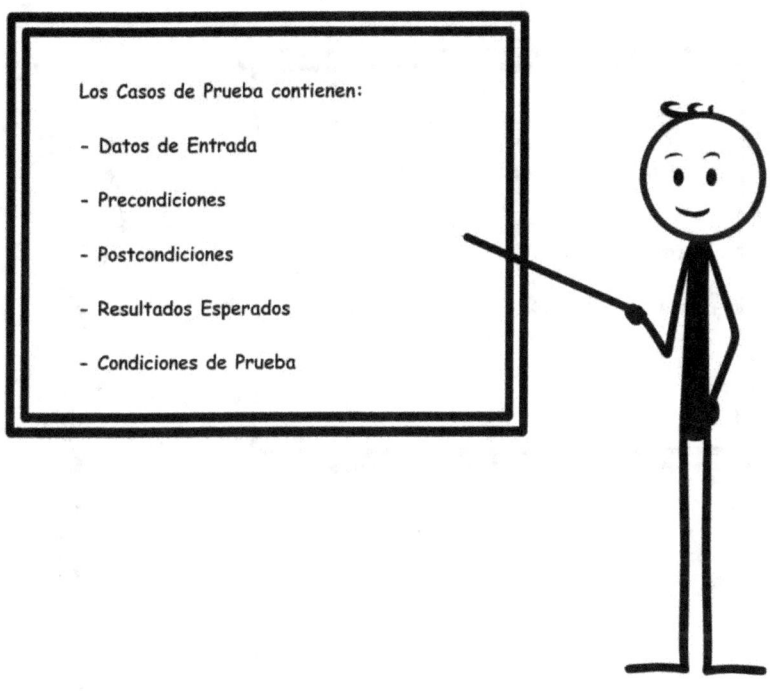

Imagen 15

Debes de poder crear diferentes escenarios de prueba para obtener diferentes objetivos, validar la funcionalidad en el módulo tal, para buscar el máximo de defectos.

Caracteristicas de los Casos de Prueba

- Identifica QUE es lo que se va a probar

- Deben de ser efectivos para que se puedan encontrar defectos

- Deben ser Trazables, es decir cada caso de prueba debe de venir de la Matriz de Requerimientos

- Deben ser eficientes sin pasos innecesarios

Imagen 16

160

Oscar Alejandro Arreola Ramírez

Errores más comunes al crear un caso de Prueba

Configuración Incompleta o incorrecta: si antes de comentar algún tipo de configuración y describirla debes de revisar que el proceso sea exactamente como debe de ser.

Casos de Prueba demasiado largos: procura que los casos no sean demasiado largos, revisa si se pueden hacer en dos o realizar un caso genérico que ayude a quitar pasos y solo en un paso hacer referencia a él.

El saltarse pasos es malo: recuerda que debes de realizar los casos de prueba lo más claro posible, para que cualquiera lo pueda entender.

Referencia a campos que cambiaron o ya no existen: debes de estar al pendiente de cualquier modificación que se haya realizado, para que no hagas referencia a estos campos.

Acciones que no son claras de lo que debe de hacer el Sistema o el usuario: recuerda que los casos de prueba deben de ser entendibles tanto de la acción que el sistema va a realizar, como de lo que el usuario debe ser hacer para obtener la respuesta del sistema.

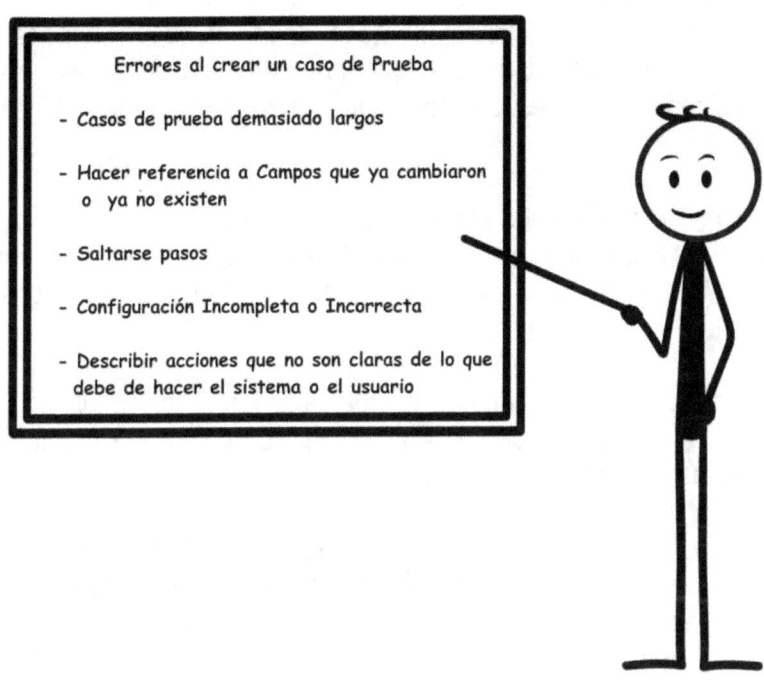

Imagen 17

En el Capítulo de Ejemplos se mostrarán los elementos que debe de tener un caso de prueba.

Si vas a probar la pantalla, haz un caso donde vas a validar que el look and feel seleccionando todos los elementos de la pantalla.

¿Al Hacer los Casos de Prueba vas a poder Probar todo?
Recuerda que no es posible probar todo, aparte de que no dispones de un tiempo considerable para probar todo, recuerda que estas dependiendo de un presupuesto, cierto número de recursos y tienes un tiempo estimado.

Entonces las pruebas que vas a realizar, son las de mayor cobertura, las que cubran el mayor cambio que se realiza al programa nuevo, les tienes que dar prioridad y son las que van a estar incluidas en tus casos de prueba.

Pueden suceder situaciones en las que ya tienes definidas tus matrices de Casos de Prueba que vas a probar, pero debido a la premura, te indican que ya no tienes tiempo.

El tiempo de las pruebas te lo reducen a la mitad. ¿Por qué? Hay varios factores como mencione antes, es regulatorio, se tiene un contrato y se termina en cierto tiempo o sencillamente los clientes requieren el programa lo más rápido posible.

El área de Testing debe de tomar la decisión de analizar todo su set de pruebas y ver que no va a probar, que va a probar primero, que probar de manera exhaustiva y minuciosa, debe de priorizar las pruebas, destinar tu tiempo, recursos y esfuerzo para cumplir con la meta.

Al realizar casos de pruebas, agrupa las funcionalidades para que te salgan menos casos, por ejemplo:

Forma Correcta
Paso 1: Validar que te permita capturar los datos del usuario: (Nombre, domicilio, RFC, país, teléfono, correo electrónico.

Forma Incorrecta

Paso 1: Captura nombre de usuario

Paso 2: Captura el domicilio del usuario

Paso 3: Captura el RFC

Paso 4: Captura el país

Paso 5: Captura el teléfono

Paso 6: Captura correo electrónico

Así estas agrandando el caso con muchos pasos que se pudieron validar en un solo paso. Atención, no los estas quitando, al final tienes que realizar tu validación, solo lo estas sintetizando a que en un solo paso vas a validar todos los campos.

Recuerda que con los casos de prueba, debes poder abarcar todos los requerimientos pero a la vez no deben de ser tan robustos, ya que el tiempo es corto en la etapa de pruebas y todavía te pueden recortar más tiempo para las pruebas, necesitas ser ágil, práctico y dinámico para que tú y tu equipo vayan directamente a lo concreto, a probar lo más importante.

Cómo ser un Tester

Oscar Alejandro Arreola Ramírez

Como Identificar los tipos de Prueba

Recuerda el tipo de pruebas que van a realizar lo determinará las necesidades de cada proyecto, de acuerdo al análisis que se realice, se determinará qué tipos de pruebas se van a realizar.

Por lo regular un proyecto de mediano a grande y que se genera por varios módulos va a necesitar pruebas unitarias y pruebas integrales, si ya ha estado funcionando y van a requerir nuevos cambios o actualizar lo ya existente, se requiere hacer pruebas de regresión para validar que no afecten a lo que ya está creado.

Los proyectos totalmente nuevos no requerirían pruebas de regresión a menos, como ya mencione que interactúen con el software que ya existe.

Es importante tomar en cuenta que al realizar la planeación no puedes estimar igual los proyectos cortos con los proyectos grandes, sencillamente porque el tamaño, el tiempo y los recursos son diferentes, lamentablemente es muy común que eso suceda.

Oscar Alejandro Arreola Ramírez

Diseño de Casos de Prueba

El Caso de Prueba va a definir como debe ser probado un sistema, deben de ser creados y diseñados con la finalidad de que sean entendibles, fáciles, prácticos, que cualquier persona, pueda seguir los pasos del caso de prueba.

El caso de prueba es un conjunto de pasos y resultados esperados para probar una aplicación.

Elementos que debe de llevar los casos de prueba:

- Nomenclatura

Para documentar el caso de prueba, por lo regular para poder identificar el Set de Pruebas y el nombre de casos de prueba, utiliza alguna homoclave para identificarlo, no dudes en utilizarlo.

Si no se utilizan como proceso, ponte de acuerdo con tu equipo para poner homoclaves en los casos un ejemplo puede ser.

SIST 2753 Sistema Captura de Datos Usuario

SIST 2753 Sistema Captura de Datos Usuario
- Datos de Entrada
- Precondiciones
- Resultados esperados
- Condiciones de Prueba

Primero vas a identificar el requerimiento a probar, en base a eso vas a poder diseñar el caso de prueba. Recuerda que los Casos de Prueba deben de tener ciertas características que los hagan confiables.

Trazable: Desde un requerimiento Sin Pasos innecesarios.
Preciso: siempre haciéndote la pregunta Que se va a probar con este Caso.

Efectivo: es decir que sea diseñado para encontrar defectos.

Escribe una descripción corta del caso de prueba, esto va a ayudarte a tener una visión general de lo que hace el caso de prueba.

Identifica la información de configuración necesaria para ejecutar le prueba, prerrequisitos.

Escribe los pasos, la descripción del paso, esta puede incluir una entrada clara o un conjunto de entradas si tienen relación entre sí. Otros elementos a incluir en cada paso son los resultados esperados, una indicación de aprobación/rechazo, el resultado real, todo tipo de notas y cualquier dato adjunto.

Cómo ser un Tester

Oscar Alejandro Arreola Ramírez

Defectos

El defecto es la parte primordial del Testing, se puede decir que es para lo que te están llamando, debes de encontrar los mayores defectos posibles durante el tiempo de pruebas

"Lo más importante es que una vez que has encontrado un defecto, lo debes de Reportar"

En algunas empresas, puedes reportar el Defecto y por medio de la herramienta, se asigna a la persona correspondiente para resolverlo.

El costo de detectar defectos, se incrementan con el tiempo, durante el cual, el defecto permanece en el sistema, la detección de errores en etapas tempranas permite la corrección de los mismos a costos reducidos.

Regla:
"Si tu levantas el Defecto, tu cierras el Defecto". Cuando levantaste el Defecto, tu sabes que datos utilizaste, que paso realizaste y eres el que puedes volver a probarlo una vez que ya te indicaron que está resuelto. A menos que haya alguna contingencia, que no puedas volver a probar esos defectos o alguien de tu equipo falto o lo reasignaron, tu probarías su defecto, pero te encuentras en el problema que prácticamente tienes que empezar desde cero, ver tu matriz de casos de prueba, verificar que datos necesitas para probarlo y sobre todo que el Caso de prueba este lo suficientemente claro y entendible para que puedas probar el caso sin problema.

Regularmente si estuviste en las etapas anteriores a la ejecución, hubo módulos o ciertas partes del software que costaron mucho trabajo de entender, analizar y de desarrollar, ten la certeza que en esos módulos generalmente es donde aparecen más defectos.

Para documentar un defecto, debes ser lo más claro posible a la hora del nombre del defecto, si por proceso, utilizan alguna homoclave para identificar el Defecto, no dudes en utilizarla.

Si no utilizan, ponte de acuerdo con tu equipo para poner homoclaves en los defectos un ejemplo puede ser.

DEF_SIST_Error en la pantalla de Datos_ Usuario

DEF_SIST277_Error en la Pantalla de Captura de Datos, los espacios no son suficientes.

DEF_Proyecto288_Hola_ Error en la Pantalla de Captura de Datos, los espacios no son suficientes.

Si vez en el segundo ejemplo puse una pequeña descripción del error, eso también apoya mucho al desarrollador y al equipo de Testing para saber de qué se trata el Defecto.

Te comento de la homoclave, ya que suele pasar que en el programa que utilizas para registrar todos los Defectos, muchas veces no aparece por proyecto, es decir están los defectos juntos de todos los proyectos y para que puedas encontrarlo va a ser complicado si no tienes el número del Defecto a la mano.

El programa tiene la opción de búsqueda, pero muchas veces tienes que ser muy específico o poner el nombre exactamente como lo escribiste.

Si tienes levantados 5 defectos, 12 Defectos está bien te puedes acordar, pero si hay 50, 100 defectos, no te vas a acordar del nombre y lo tienes que buscar.

Te recomiendo que tengas una lista en un Excel de los defectos que levantaste, nombre, número de defectos o en tu mismo reporte de Defectos lleves ese control diario.

Descripción del Defecto:
Generalmente describe en que sistema estas, que módulo, que pantalla, esto apoya mucho al desarrollador para saber exactamente que pantalla está el error. Dale una guía y comenta donde estas que estabas haciendo y exactamente donde se produce el defecto.

Ejemplo:

Defecto Sistema 32, Modulo operativo de Clientes, Pantalla F5443.
Y después continúas con la Descripción:
Debes de describir el Defecto de una forma clara y concisa, aparte de comentar que pasos realizaste, esto te ayudará a que el desarrollador le entienda a la primera y se ponga a trabajar en la corrección del Defecto, ya que si no se entiende, no es claro, el Defecto te lo van a rechazar, no dudes en describir el error, no te vayas por la tangente. Porque no le van a entender, no van a saber que estas reportando.

Ejemplo:

Encontré un Defecto en la pantalla de entrada, Ingrese los datos y apareció, no sé qué paso, después ingrese y apareció un error, pero ya después no me apareció. / Incorrecto.

Al querer capturar en la pantalla de Datos del Cliente, Ingrese los datos de Nombre, Domicilio, RFC pero al seleccionar el dato de Casado o Soltero, provoca un error en el sistema. Marco donde sucede y anexo la pantalla del error. /Correcto.

Evitar en un Defecto:

Debes de tener mucho cuidado al levantar tus defectos, sobre todo cuando eres novato, debes de asegurarte que en realidad es un defecto.

También procura evitar levantar defectos relacionados.

Por ejemplo el Modulo de Registro de personas, tiene defectos en el espacio de los campos, no tiene el espacio suficiente, no alcanza para que escribas toda la información.

Aparece el error en Nombre, Domicilio, CP, Delegación, Ciudad.

No vas a levantar un defecto por cada campo:

Defecto 1.- El Nombre no tiene el suficiente espacio.

Defecto 2.- El Domicilio no alcanzan los campos.

Defecto 3.- El CP no alcanzan los datos.

Solo levantas un Defecto indicando que en el Módulo de Registro de Personas varios campos tienen el mismo error e indicas en tu captura de pantalla todos los campos que tienen el mismo problema.

Cómo ser un Tester

Oscar Alejandro Arreola Ramírez

Describir correctamente un Defecto

Debes de ser muy claro a la hora de describir el defecto, poner la evidencia correcta.

Evita criticar en el defecto, se lo más objetivo posible.

La Descripción, ruta debe de ayudar al desarrollador a encontrar el error.

En el defecto aunque conozcas al desarrollador que va a ser asignado no puedes escribir algo como el Ejemplo:
Oye Pablo te dejo el error, te lo encargo, anexo pantallas/ **Incorrecto**.

En la siguiente pantalla se muestra el error. Se marca con Rojo/ **Correcto**.

Cualquiera podemos cometer errores, no lo hagas evidente o insultes al reportar un Defecto por más fácil que sea el error, no puedes criticarlo.
Ejemplo:
Está muy mal, el error de ortografía, rason o sea, va con Z y con acento (Razón), por lo menos deberían de usar un diccionario o corrector ortográfico/**Incorrecto**.

Se reporta error en la palabra rason, lo correcto es razón/**Correcto**.

Recuerda que los Defectos son parte fundamental del Tester es la razón por la que estás ¡¡ debes de tener cuidado como lo describes!! Ya que prácticamente es como realizas tu trabajo, además de que no sabes quién va a revisar tus evidencias y tu descripción del defecto.

Oscar Alejandro Arreola Ramírez

Evitar Reportar falsos Defectos

Es muy común que te equivoques, reportes defectos falsos o que no son, eso es parte de ser tester, es normal que te pueda suceder, te puedes equivocar y ni modo el desarrollador le pondrá No Aplica (N/A) y tú debes de poner la justificación del por qué no aplica y cerrarlo.

Sin embargo hay algunos Defectos que se pueden evitar y puedes ahorrarte el tiempo en lo que lo levantas en tu aplicación de administración, ya que lo detectas y lo empiezas a reportar; anexas pantalla, editas la pantalla y le puedes poner flechas, cuadros en rojo, ingresas el nombre con homoclave, pones tu descripción, lo asignas, lo revisan, lo asignan de nuevo y te lo rechazan, lo revisas y lo pones N/A con tus comentarios.

Levantar un Defecto lleva tiempo, ya que debe de contar con todos los elementos mencionados anteriormente.

Regla:
Recuerda que para poder realmente decir que existe un defecto en el Software, este debe de poderse Replicar, es decir, tienes que poder realizar varias veces los mismos pasos y visualizar el error, nunca reportes al primer error el defecto, reprodúcelo de nuevo para que tengas la certeza de que efectivamente el error está presente.

Defecto Erróneo 1.-
Inicias la prueba, ingresas los datos, estas navegando, le das en login, le das en el botón iniciar y te marca un error, reportas el Defecto.

Sucede que hubo un fallo en el Sistema y esta abajo o simplemente solicitaron una ventana para realizar los cambios.

Siempre debes estar al pendiente de que los ambientes estén funcionando o de los horarios de las ventanas que solicitan para hacer cambios en el software. Es muy común levantar este tipo de defectos.

Defecto Erróneo 2.-

Es muy común que inicias la prueba, ingresas los datos, estas navegando, pero de repente te distraes, te llaman, te solicitan alguna información y dejas la prueba a medias. Cuando regresas a probar, ingresas la información a completar, le das en el botón, te marca un error, te quieres regresar o adelantar te sigue marcando el error y empiezas a reportar el Defecto.

Pero recuerda que la mayoría de los Software después de algún tiempo sin utilizarlo se cierra la sesión, te recomiendo que elimines temporales, cierres los navegadores y vuelvas a intentarlo. Es muy común levantar este tipo de Defectos.

Defecto Erróneo 3.-

Resulta que están abajo varios módulos, pero por la premura tu líder indica que debes de iniciar la prueba, inicias la prueba pero resulta que te está marcando varios errores que no aparecían, esto se debe a que internamente la aplicación, para funcionar correctamente necesita de todos los módulos o interactúa con ellos para realizar alguna consulta, pero con alguno o varios de los módulos apagados, está provocando errores nuevos. Por lo que comienzas a levantar defectos a diestra y siniestra.

Al final no van a aplicar, ya que estaban realizando algún mantenimiento o subiendo algún cambio. Activan los módulos apagados, realizas una prueba y resulta que ya funciona bien.

Por lo que es importante que hables con tu Líder y le expongas el tema, oye no creo conveniente que continuemos con las pruebas porque revise y están apareciendo errores que pueden ser debido al apagado de ciertos módulos.

Defecto Erróneo 4.-

Es muy común que para tus casos, tienes tus datos que te generaron o que generas para realizar la prueba, te está apareciendo un error, pero debes de tener cuidado al usar tu dato, porque el error puede ser por el tipo de dato que estas manejando, que debe de estar con un estatus en específico (cerrado, bloqueado, correcto) o sencillamente el dato no está dado de alta correctamente, por lo que te recomiendo, revisa muy bien tu caso de uso para ver que dato te está pidiendo para la prueba y tienes que replicar el caso con uno o dos datos diferentes, para descartar que no sea un falso defecto.

Oscar Alejandro Arreola Ramírez

Juntas

Es importante tomar atención en las juntas que te involucren para que te puedas dar una idea hacia dónde va el proyecto, el avance, que cambios se presentan, que es lo que queda fuera del alcance, esto te va ayudar.

Juntas sin Conocimiento
Es importante tener muy claro cómo actuar al momento de realizar algún acuerdo o compromiso.

Toma en cuenta que se pueden presentar ciertas situaciones en donde te mandan a una junta, tú has visto poco del tema pero no hay nadie más disponible y para colmo te mandan solo o el encargado del proyecto no pudo asistir y alguien lo tiene que cubrir. Primer regla debes de dejar el celular a un lado y tomar nota, en este caso es más fácil que usar tu Laptop, porque no tienes mucho conocimiento del tema, de hecho solo porque eres del área de Testing estas en la junta .

Debes poner atención y rápidamente poder identificar en que proceso se encuentra el proyecto, las áreas pueden empezar a hablar de su avance y su estatus, pero puede haber ciertas áreas que requieren alguna prueba, Vo.Bo o algo del área de testing o confirmar una prueba o un proceso.

Lo mejor que puedes decir es déjame reviso con el área o con mi jefe/a y te busco terminando la junta o el día de hoy tienes nuestra respuesta, nunca te comprometas, recuerda que en esas juntas tú solo estas solo como representante del área de pruebas.

Si les urge van a buscar que aceptes, que te comprometas que indiques la fecha de término de pruebas y tú por desconocimiento, por pena, porque sientes la presión de las áreas, te comprometes sin saber a qué. Al final de la junta comúnmente se elabora una minuta, donde se ponen todos los puntos que se mencionaron así como los acuerdos, esto les llega directo a los jefes obviamente toca regaño y asumir las consecuencias.

Aclaro esta no es una buena práctica, pero es muy común y pasa todo el tiempo.

Ejemplo:
Ya no va a ver tiempo de realizar dos ciclos de prueba, necesitamos que el área de Testing corte su tiempo, nos confirmas que ¿si lo puedes hacer en un solo ciclo?

Respuesta errónea.
Si, pues están probando bien y avanzando bien.
Entonces ¿si creen terminar en una semana?
No veo por qué no.

Respuesta Correcta.
Déjame Revisar con mi área o mi Test Lead y se los comento en un par de horas, vamos a revisar que impacto se tendría el realizar ese ajuste.
Nosotros no podemos comprometernos a nada, hasta que lo pueda validar con mi área.

Imagen 18

Juntas con Conocimiento
Es bastante diferente a la mencionada anteriormente, en esta, tú estás encargado del proyecto como área de pruebas, sabes que falta de cada área, que está pendiente de tu equipo o que tareas tienes por hacer, sabes que le duele al proyecto.

Aquí si puedes defender, justificar, indicar atraso de ciertas áreas, mostrar dependencia de situaciones, datos, ambientes, etc. Debes de ir preparado para defender tu posición y la de tu área en el proyecto. Aclaro no vas a pelear, pero si hablar lo más claro posible respecto a tu avance, si te solicitan comprometerte con unas pruebas, fechas. Ya puedes tu tomar decisiones o ya sabes que contestar, a menos que sea algo crítico, si lo debes consultar con tu Líder.

Ejemplo:
Ya no va a ver tiempo de realizar dos ciclos de prueba, necesitamos que el área de Testing corte su tiempo, nos confirmas que ¿Si lo puedes hacer en un solo ciclo?

Respuesta:
Si se recorta el ciclo de las pruebas ustedes tienen que asumir el riesgo, ya que yo como área de Testing no estaría probando todo el flujo completo del proyecto, solo tendría que probar lo más importante y eso conlleva un riesgo. Tienen que revisar si efectivamente van a tomar ese riesgo.

Imagen 19

Oscar Alejandro Arreola Ramírez

Peer Review y Análisis de Ambigüedades

Una de las practicas más comunes en el Testing es realizar una revisión interna dentro de los mismos integrantes del equipo, para revisar cómo han estado realizando la documentación entre ellos se encuentra el peer review y el análisis de ambigüedades.

Peer Review
Es una actividad de revisión interna donde se realiza la verificación de la matriz de Identificación de casos de prueba y diseño del caso de prueba, de acuerdo a los estándares establecidos por el área de Testing.

Se realiza por cada función, la revisión es realizada por una persona diferente al que creo el entregable, generalmente se tiene un check list, es solo una revisión de forma no de fondo.

Revisas formatos, nomenclatura, nombres, que en todos los renglones este el mismo nombre, revisas los consecutivos de los casos de prueba, caracteres no válidos.

Revisas la Descripción de los Pasos, si realmente es correcto la acción del paso a seguir, si es claro, si se logra identificar que vas a probar y como lo vas a hacer.

Análisis de Ambigüedades
Una revisión de ambigüedad es una técnica para identificar y eliminar palabras, frases y términos ambiguos, es decir todo aquello que puede ser interpretado de diferentes maneras y que tiene un sentido opuesto o muy lejano a lo que se está tratando de decir.

La verificación de las ambigüedades produce un conjunto de requerimientos de más alta calidad para la revisión por el resto del equipo de proyecto.

No es una revisión del contenido de los requerimientos. Se utiliza en la fase de determinación de requerimientos del proyecto para identificar, cualquier requerimiento incompleto, no-claro, ambiguo, inconsistente con el objetivo de construir la calidad del producto desde un inicio.

- Se realiza a través de una inspección formal, reduce el riesgo de tener requerimientos mal entendidos.
- Establece las bases para un buen análisis de riesgos.
- Aplica a los requerimientos funcionales y a los no funcionales.
- Puede ser utilizado con requerimientos y especificaciones documentados.
- Las ambigüedades detectan condiciones no especificadas u omisiones, causas sin efectos, efectos sin causas, negaciones innecesarias, seudónimos innecesarios, palabras, frases.

Ejemplo incorrecto. El sistema está listo para funcionar.
¿Para funcionar? Deja abierto a todos o varios módulos.

Ejemplo correcto
El sistema 277 en el módulo de Información del cliente despliega toda la información correcta.

Documentación con Calidad
Los Testers deben de practicar, revisar, analizar continuamente todos los documentos, algunas veces puede ser tedioso, pero solo así, podrás detectar los errores que se presenten en los documentos.

Enseñar continuamente a los usuarios, desarrolladores, Testers como se debe de realizar cada documento. Utilizar plantillas estándar de los documentos para que todas las áreas sepan que documentos se deben de utilizar a los largo de los proyectos.
Hacer revisiones formales e informales de los documentos. Tener un control de cambios en los documentos para llevar un control de las modificaciones.

Cómo ser un Tester

Oscar Alejandro Arreola Ramírez

Preparación de Datos

Es muy importante que antes de las pruebas te enfoques en verificar que el diseño de los casos de uso ya este realizado, ya que esto es tu guía de lo que vas a probar y lo siguiente que es fundamental es, que tengas los insumos para realizar las pruebas, es decir tu cama de datos.

Tienes que verificar que los datos estén en el ambiente que vas a probar, así como cuál es el equipo que te va a apoyar a generar esos datos o tú mismo o tu equipo van a poder generarse esos datos.

Todos los datos deben estar listos, si llegara a pasar que por motivos de seguridad no tienes los privilegios para consultar la información, tienes que saber quién te puede proporcionar las pantallas o evidencia necesaria

Al desarrollar y documentar los Casos de Prueba que contiene el plan de pruebas, es posible identificar los Datos de Prueba que serán utilizados para ejecutar dichos casos para probar el producto o software.

- Las pruebas son realizadas usando datos de prueba independientes, estos son creados por los expertos.
- Los datos de prueba utilizados deben ser lo más cercano posible a los datos que usará el sistema en producción.

Datos de Prueba para Pruebas de Aceptación de Usuario (UAT)

- Es un grupo de datos similares a los de producción que son proporcionados y utilizados por los usuarios del negocio dentro de sus pruebas de aceptación.

Preparación de Datos de Prueba

- El objetivo de estos datos es simular el ambiente de producción de tal manera que apoye en la validación de las transacciones del negocio.
- El ambiente puede ser re-inicializado durante las pruebas, para re-ejecuciones, por tanto se sugiere el contar con scripts para recuperar todos los datos a su estado original.

Oscar Alejandro Arreola Ramírez

Preparación de Accesos

Para realizar las pruebas del software, debes de asegurarte que antes de la fecha de inicio de las pruebas, tú ya cuentas con todos los accesos a los sistemas que se van a probar y que tipo de rol, no solamente debes validar tu acceso, si no, solicitar algún insumo solo para poder consultar en el programa y que te arroje la consulta correcta.

Con esto te aseguras que realmente puedes entrar al sistema pero también te arroja la información, ya que suele pasar que a veces te dan acceso a las aplicaciones y validas la entrada, pero nunca validas realizar una consulta y ya estás en la ejecución y resulta que no tienes ni el rol ni los privilegios para realizar las consultas que requieres para la prueba.

Anticípate a solicitar los accesos a los aplicativos, algunos accesos pueden tardar demasiado, por los permisos que requieren, me toco que una vez solicitaron mis permisos pero como era mundial el permiso que requería, se necesitaba el VoBo. De 18 países imagínate cuanto tiempo tardaba.

Si no sabes cómo solicitarlos te sugiero ir con la gente que usa el aplicativo para preguntarles y te des una idea de cómo lo solicitaron.

Al usar la Matriz de accesos que corroboras con el Equipo que accesos debe de tener el equipo de Testing para sus pruebas, asegúrate que revisen bien que es lo que necesitan y para qué tipo de pruebas, una vez me tardaron 3 meses para solicitar unos accesos, fui a confirmar con la gente encargada de las pruebas y dos días antes de las pruebas me comentan, ah se nos había olvidado requiere un acceso A y un B, les comente solo me pidieron el A, se nos olvidó pedir el B a dos días, cuando nos tardaron 3 meses para darnos el acceso, se vuelve imposible.

También debes de asegurarte que puedes entrar al software que utiliza la empresa para la ejecución y el registro de los defectos, puede ser ALM o cualquier otro, así como el perfil para poder ejecutar un paso aunque lo canceles para que no quede grabado, solo estas probando que si tienes privilegios para la función del Tester en el Software, ejecutar cada paso y poder levantar los defectos.

Conforme se acerca la fecha te recomiendo hacer esas pruebas de ingreso a los aplicativos para realizar su correcta validación. Es importante que tengas el contacto o que te puedan incluir en la lista de correos al equipo que informa que los ambientes están arriba y funcionando perfectamente.

Suele pasar que el día de ejecución inicias las pruebas pero empiezan a salir Time outs o errores y entonces lo reportas como un defecto, porque un error común es no validar que el ambiente está arriba y empiezas la ejecución sin saber eso y se empiezan a levantar Defectos incorrectos.

Cómo ser un Tester

Oscar Alejandro Arreola Ramírez

Vo.Bo. de la Documentación

Es importante revisar el proceso de VoBo de la documentación para validar como se está realizando si realmente funciona adecuadamente y te da la agilidad y certeza de revisión que requieres o es un dolor de cabeza, que se tardan tanto en revisar la documentación que hasta pueden retrasar al proyecto. Si es así debes de reportar los desvíos para que se tomen en cuenta y ver la forma de optimizar el proceso.

Suele suceder que te regresan mucho los documentos para correcciones y las áreas que tienen que aprobar se quejan que no haces bien la documentación, pero mi pregunta es ¿Capacitas a las personas para el llenado adecuado del formato? No, no lo hacen, se evitarían muchos dolores de cabeza y realizar reprocesos, el ir y venir de los documentos es muy costoso en tiempo y si no sabes optimizar el esfuerzo, vas a sobre trabajar.

Suele suceder que te dicen necesito que me llenes este documento, lo revisas y esta complicadísimo de entender y ni siquiera sabes que requieres o como llenarlo, entonces vas a preguntar y las mismas personas que te mandaron el documento, no saben explicar o se molestan si te tienen que explicar.

Revisa este proceso, las personas que solicitan la documentación deben de estar preparadas para responder cualquier pregunta e incluso capacitar a una persona de cada área en el llenado, el actuar negativamente solo empeora la situación y te vas a llenar de áreas con documentos que se requieren hacer correcciones muchas veces sencillas pero como la gente no tiene idea de cómo llenarlo pues esta incorrecto.

Hacer el proceso bien y detectar a la gente correcta te puede ayudar mucho para realizar cambios oportunos que te den un giro y un proceso dinámico.

El autorizador también debe de tomarse su tiempo para revisar que la documentación este bien, no se nos olvide, porque si autorizan algo que esta incorrecto pero que va a producción, la responsabilidad termina cayendo en él, pero también debe ser flexible.

Revisa también que sea la última versión del documento, porque puede haber rechazos debido a que realizaste el documento con una versión anterior y ese ya no es válido.

Oscar Alejandro Arreola Ramírez

Tipos de Pruebas

Existen diferentes tipos de pruebas que son las que van a determinar la correcta validación de las pruebas. Dependiendo del proyecto son las pruebas que se van a utilizar, yo menciono las más frecuentes.

Las pruebas de Caja Blanca
Se basan en la estructura del código, comúnmente se utilizan por el área de desarrollo para las fases de prueba de componentes e integración de esos componentes. El Equipo de Desarrollo escoge diferentes Valores de entrada y estos se procesan, se revisa el código (estructura, componente) y van a devolver valores de salida.

¿Cómo lo Hace?

Las pruebas de Caja Negra
No necesitan saber del código, son las pruebas basadas en la especificación del usuario o requerimientos de usuario, se usan en las pruebas de sistema y aceptación de usuario y son las que comúnmente se utilizan en las Pruebas Funcionales y No funcionales.

El Ingeniero de Pruebas ingresa valores de entrada y se tiene en el valor de salida un resultado esperado sin tener en cuenta su funcionamiento interno.

¿Qué es lo que Hace?

Pruebas Unitarias:
Estas pruebas comúnmente se utilizan para probar componentes individuales, es una forma de comprobar el correcto funcionamiento de una unidad de código. Esto sirve para asegurar que cada unidad funcione correctamente y eficientemente por separado. Además de verificar que el código hace lo que tiene que hacer.

El objetivo de las pruebas unitarias es detectar defectos de programación.

Pruebas de Integración

Estas pruebas se utilizan para integrar todos los elementos unitarios que se han probado en las pruebas unitarias, se prueba el conjunto para identificar cómo funciona la interfaz, la comunicación y las interacciones entre todos los componentes y sistemas.

El objetivo de las pruebas de Integración es ver cómo se comportan todos los módulos del sistema o aplicación y detectar defectos en la interacción de los módulos.

Pruebas del Sistema

Estas pruebas son para probar la funcionalidad integral del sistema, es decir cómo se comporta todo el sistema, en un ambiente controlado de pruebas.

Comúnmente en estas pruebas se realiza la prueba de todo el flujo (end to end).

El objetivo de estas pruebas es Detectar defectos en los requerimientos de usuario.

Pruebas de Regresión

Estas pruebas se llaman así porque se van a realizar en un programa o software que ya existe, pero si se añadió algún módulo adicional o alguna modificación, se realiza una prueba de regresión para asegurarse que lo que ya funcionaba antes, sigue trabajando igual.

El objetivo de estas pruebas es asegurar que los casos de prueba que ya habían sido probados y fueron exitosos permanezcan así. Se recomienda que este tipo de pruebas sean automatizadas para reducir el tiempo y esfuerzo en la ejecución.

Cómo ser un Tester

Oscar Alejandro Arreola Ramírez

Pruebas Automatizadas

Antes de querer realizar las pruebas automatizadas, primero debiste haber pasado por todo el proceso de Testing normal, las pruebas automatizadas debe ser un complemento dentro del proceso del desarrollo.

Estas pruebas te dan la posibilidad de realizar pruebas que no se pueden realizar manualmente, son rápidas, puedes saber cuántos recursos te están consumiendo, pueden realizar pruebas de miles de login a la vez (entrar a la aplicación y poner nombre de usuario y contraseña), para saber el comportamiento, Por lo regular se pueden seguir mediante un script base y este continuamente se va a actualizando, pero ya tiene la estructura.

Entre sus ventajas son que reduces el número de recursos, hay mayor Rapidez de Ejecución.

Aunque una de sus desventajas es que necesitas tiempo para configurar y que tu equipo se adapte, aparte de las habilidades de desarrollo y automatización.

"Una prueba automatizada es una prueba funcional de lo que el sistema debe de hacer".

Oscar Alejandro Arreola Ramírez

Pruebas de Performance

Estas pruebas están enfocadas al tiempo de respuesta del sistema, que se cumplan los criterios del rendimiento y sobre todo soportar el manejo de grandes cantidades de datos.

"La prueba de performance es una prueba para probar no funcionalmente la aplicación".

No se mencionará por esta vez, más información de las pruebas automatizadas y de performance, más adelante te daré a conocer mayor información respecto a este tema, necesito que te enfoques primero en lo inicial. Después iniciaremos una formación para tener el conocimiento necesario a estas pruebas.

Oscar Alejandro Arreola Ramírez

Pruebas Unitarias del Desarrollador

El Desarrollador es también una parte muy importante en el proceso de las pruebas, es el creador del aplicativo, el que realiza la modificación o crea algo desde cero.

El puesto ha ido evolucionando como lo hemos comentado, es tomado más en cuenta, entre sus labores aparte de programar, generar código, implementar, está el de hacer trabajo en equipo, tener una colaboración constante con otros desarrolladores e incluso presentar su trabajo. Reuniones de especificaciones técnicas, definir el alcance, realizar pruebas y mantenimiento.

Como lo comenta Wikipedia "Para que un programador se convierta en desarrollador, debe poseer experiencia y saber el manejo y la aplicación de metodologías de desarrollo, es sobre todo la experiencia y el conocimiento técnico, lo que ha impulsado la evolución del término programador a hacia el término desarrollador".

Pero te has preguntado alguna vez, ¿El desarrollador debe de probar? La respuesta es Sí, solo que muchas empresas no exigen a los desarrolladores, estas pruebas, tal vez este en un manual de procesos, pero como no es obligatorio en algunas de las empresas. El desarrollador no realiza estas pruebas o indica que si las realizó para pasar a las pruebas del área de Testing directo, suele pasar que el desarrollador prueba muy pocos casos, como no muestra fallas, asume que está listo.

No ayuda que en las empresas, la mayoría de las veces, no te solicitan evidencia de esas pruebas, entonces asumen que es algo que se puede omitir, esto es incorrecto.

El Desarrollador realiza las Pruebas Unitarias como lo mencionamos anteriormente, son las pruebas donde se prueban los componentes individuales de un programa, el propósito es comprobar el correcto funcionamiento de una unidad de código.

Esto sirve para asegurar que cada unidad funcione correctamente y eficientemente por separado. Además de verificar que el código hace lo que tiene que hacer. El objetivo de las pruebas unitarias es detectar defectos de programación.

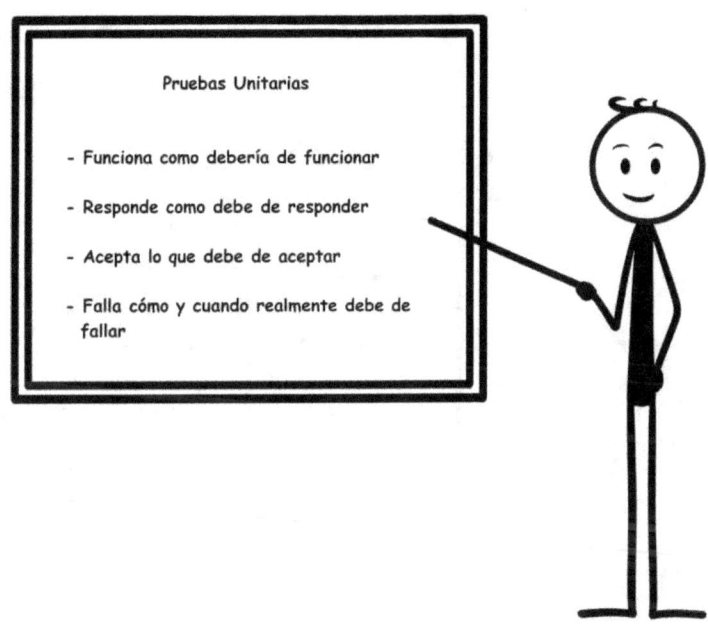

Imagen 20

Las pruebas evalúan la unidad mínima de trabajo del programa, comúnmente se llaman método o función, esto puede ser individual o por conjunto.

La unidad mínima de trabajo es el conjunto de operaciones que produce un cambio en el sistema o una respuesta por parte del mismo sistema.

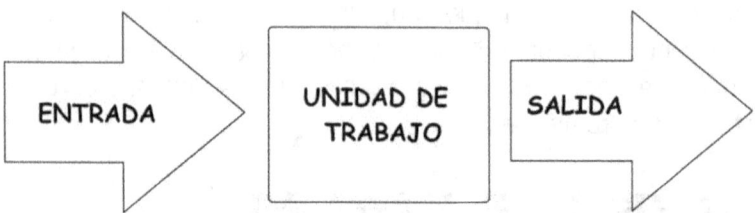

Imagen 21

Preparación o Arrange es donde se establecen los valores de entrada y el valor que esperas obtener.

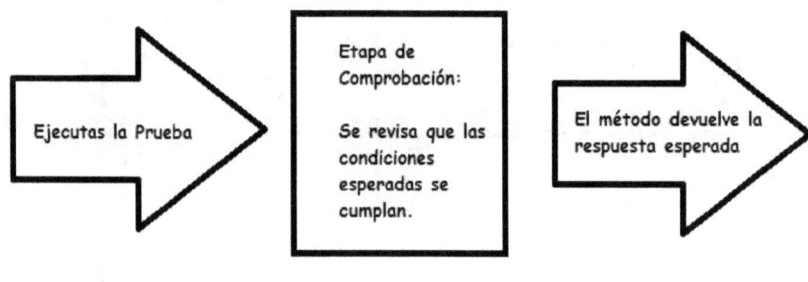

Imagen 22

Test Unitarios

El desarrollador realiza su código pero también muchas veces tiene que hacer sus casos de prueba, debe de tener un criterio parcial, para que el caso de prueba este diseñado para que sea efectivo y no realizarlo solo para tener una prueba positiva, es decir para cumplir con el requisito.

Muchas veces el desarrollador es su propio juez y parte, es decir tiene que revisar su propio código y eso puede dificultar su juicio al tratar de encontrar alguna falla a su propio trabajo.

Al realizar sus casos de prueba debes de tomar en cuenta estas recomendaciones:

- Considera el flujo básico
- Lo más utilizado
- Los límites donde vas a demostrar hasta donde va a soportar.
- Valores inválidos o no esperados

Tu eres el que has escrito el código, sabes dónde podría fallar has un caso para esas fallas.

Reglas:
- Las pruebas Unitarias deben de ser independientes del entorno.
- Son independientes de otras pruebas unitarias, no dependen entre ellas o de fuentes externas de datos.
- Trata de que sean automatizables, para que se puedan ejecutar son Pruebas rápidas en la Preparación y comprobación.
- La Ejecución se va a tardar de acuerdo al proceso que va a realizar.
- Las pruebas deben de poder ser reutilizadas, pueden crearse, modificarse.
- Las pruebas deben ser Eficaces y Eficientes, trata de realizar las pruebas precisas.
- Se prueban casi todas las clases, por lo menos las más complejas, revisa las sencillas por si se te ha pasado algún error.

- Apóyate con herramientas, que te pueden ayudar a hacer una revisión de tu código.
- Pruebas que reduzcan los riesgos y que te den una seguridad que está ausente de errores porque ya realizaste una revisión.

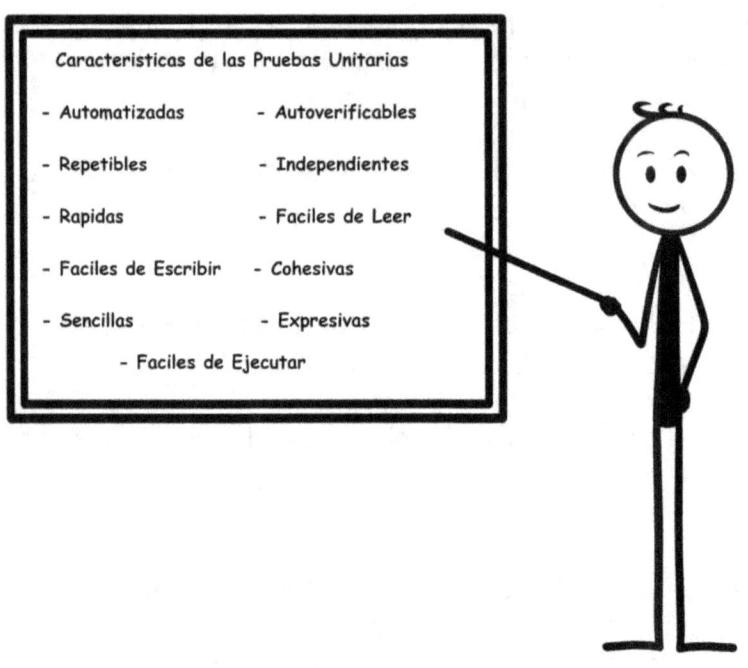

Imagen 23

Acuérdate que al final tú buscas hacer el Check In y subir tu código, muchas veces ya es en el ambiente de producción.

Deben de ser Fáciles de Mantener para ser eficientes y ahorrar costos con el fin de mejorar la Calidad, te ayuda a localizar defectos de parte de la especificación para evitar que se vaya un error.

De acuerdo al proceso de pruebas del Desarrollador, este puede llegar solamente a realizar las pruebas unitarias, pero también puede intervenir en las Integrales y en las del Sistema, esto depende según el proceso que se maneja en la empresa.

Lo más conveniente sería que también realice sus pruebas de forma adecuada y lo más completas posibles, para pasar su código y los cambios al ambiente e indicar que el equipo de Testing puede iniciar con las pruebas del Software.

Cómo ser un Tester

Oscar Alejandro Arreola Ramírez

Ejecución de Pruebas

Llego el día, el Tester o el Equipo de Testing tiene que iniciar la ejecución de las pruebas y esta etapa es considerada la parte más importante del Testing, por fin ha llegado el día en que tú y tu equipo son los protagonistas en el proceso, todos los ojos van a estar enfocados en ti y en tu equipo.

Y si estas fechas por lo regular son las más pesadas laboralmente hablando, se carga el trabajo y sueles salir tarde, a veces te integran en esta etapa, es la más difícil, porque todas las áreas están bajo mucha presión y a ti te habían comentado que tu horario era de 9 a 6 pero estas saliendo a las 8, si suele pasar, por fin sabes el porqué. En esta etapa tu jefe, el cliente, el área de desarrollo por lo regular ejercen la presión para que se realicen las pruebas de acuerdo al plan de ejecución o avanzar lo más pronto posible.

Es importante considerar que si entraste en una etapa más temprana del proyecto y realmente lograste hacer equipo con los demás Tester y tu Tester Lead, se pudieron haber organizado y si todos los factores son favorables, pueden realizar las pruebas en tu horario normal.

Lamentablemente esto sucede en raras ocasiones gracias a que no hubo una correcta planeación para la ejecución de las pruebas o te recortaron el tiempo de prueba o hay más casos o cambios nuevos que van a saturarte.

Aquí es donde tienes que demostrarte a ti, a tu equipo y al Equipo que puedes trabajar en tu horario normal cumpliendo con tu ejecución.

Suele pasar que a pesar de eso, te solicitan que te quedes más tiempo, esto pasa sobre todo en los proyectos quemados, que mencionare más adelante.

Aquí hay una disyuntiva de responsabilidad y de hacerte respetar como persona en cuestión del horario, esto lo platicaré más a fondo en otro canal, puede ser un libro o foro.

Pero te dejo estas sabias palabras:
"La vida es un equilibrio, hay que ser grandes, pero no agrandados y humildes pero no sumisos".

Ejecución de Pruebas
Te dan luz verde, por lo que inicias revisando tus accesos, tus roles correspondientes y tienes los datos.

Lo primero que vas a validar es que el ambiente de pruebas se encuentre disponible, que está instalada la última versión donde viene el software nuevo o los cambios que realizaron.

Es común que puedas iniciar con una prueba de humo, smoke test, esto quiere decir, que es una prueba rápida, para validar que el flujo principal o el Happy path funciona de acuerdo a las especificaciones y al diseño de casos de uso, en esta prueba no es necesario tomar evidencia, realizas una prueba. Si lo ves bien reportas a tu Testing Lead que se puede navegar y que puedes iniciar con la ejecución de las pruebas.

Inicias con la ejecución de acuerdo al Plan de ejecución que se tiene, es importante reportar todo, ya que si sucede alguna falla y no se reporta, el error se lo cargan a tu equipo.

Por lo que si tienes algún problema externo que no te permita avanzar lo tienes que reportar de inmediato para que las demás áreas se encarguen de solucionarlo, por ejemplo el sistema está muy lento, la ejecución va a ser más lenta de lo que se tenía planeado, si los datos que te prepararon no funcionan, en ese momento tienes que reportarlo y solicitar nuevos datos. No se puede perder tiempo.

Si es un problema Interno, que un miembro de tu equipo no asistió, por x motivo el equipo se tiene que reorganizar para sacar los casos que le tocaban a él, por lo tanto el tiempo que tenías para tus casos, se puede ver comprometido.

Recuerda que aparte de la ejecución de las pruebas, tomar las evidencias necesarias, correr cada paso del caso en la herramienta que te dan para administrar las pruebas, tienes que hacer el Reporte de Avance de las Pruebas, por lo que te tienes que administrar muy bien en el día a día.

Oscar Alejandro Arreola Ramírez

Generación de Reportes

Para realizar las pruebas del software, debes de asegurarte que antes de la fecha de inicio de las pruebas tú ya cuentas con todos los accesos a los software que se van a probar y que tipo.

Ten los Reportes de Ejecución y Defectos listos y bien entendidos, si puedes haz un reporte antes, para que no pierdas tiempo el día de la ejecución y no saber que se pone y pierdas tiempo.

Recuerda que tienes que realizar los Reportes de Avance, comúnmente es el reporte de Ejecución, de Defectos y las desviaciones o acuerdos que vas teniendo a la hora de atender los defectos, caídas del sistema, error de datos, etc.

Debes de informar todo lo que esté sucediendo a lo largo de las pruebas y las posibles soluciones para mitigar los errores o los riesgos que se te presenten, con el fin de hacer tus pruebas exitosamente.

Aparte del Reporte comúnmente debes de tener diariamente, durante la fase de ejecución de pruebas, la evidencia de tus ejecuciones y los casos pasados, fallados, no probados, dentro de la herramienta que utilice tu empresa.

Oscar Alejandro Arreola Ramírez

Evidencias de las Pruebas

Es parte fundamental de un Tester el tomar la evidencia de las pruebas, todavía hay personas que no toman las evidencias de las pruebas, ¿Es en serio? Así es. Tomar evidencias de las pruebas que realizaste es la evidencia de que estas realizando tu trabajo. Es parte fundamental de la función como Tester, con esta acción prácticamente estas justificando tu trabajo.

En qué tipo de pruebas es cuando no debes de tomar evidencia, En las pruebas de humo por ejemplo, donde es una prueba rápida, donde vas a validar que tu Happy path o tu flujo principal está funcionando correctamente.

Un verdadero Tester esta tan acostumbrado a tomar la evidencia de sus pruebas que a veces si le piden que haga una prueba sin evidencia, se siente incómodo por no tomar las evidencias.

"El mejor consejo que te puedo dar es toma la evidencias de tu prueba siempre, en eso se basa tu trabajo."

Te sirve tanto, que ya probaste un flujo de un módulo y lo ejecutaste y no hubo defectos, pero a la semana hacen un cambio y el mismo flujo te manda errores, el trabajo del desarrollador como bien lo sabes, es justificar los cambios y demostrarte a veces que tú tampoco probaste bien. Al tener la evidencia del Defecto, tienes las bases y tu defensa de decir que este flujo funcionaba bien y que ahora ya no está funcionando correctamente, eso va a ser que el desarrollador, verifique de nuevo su programación. Si no tomaste evidencia, va a quedar en duda las pruebas que realizaste anteriormente.

Oscar Alejandro Arreola Ramírez

Pruebas de Usuario

Las pruebas de Usuario, son comúnmente llamadas Pruebas UAT (User Acceptance Testing) pertenecen a las últimas etapas previas a la liberación del Sistema a producción.

Comúnmente son hechas por usuarios internos del negocio, donde verifican el desempeño y comportamiento de la aplicación, acercándose a un entorno realista, esto depende de la empresa.

El equipo de Testing deberá estar al pendiente durante la ejecución de las pruebas de usuario, validando que el ambiente este arriba y que el usuario tenga todo lo necesario, como datos, accesos etc., para que realice las pruebas, así como también está al pendiente si se reporta algún defecto, poderlo levantar y enviarlo a revisión.

Las pruebas de Usuario son muy importantes ya que van a determinar que el sistema funcione correctamente.

Una vez realice unas pruebas de usuario con 40 personas, el proyecto era muy importante, tanto, que 40 usuarios tenían que venir de sus oficinas de otras ciudades para probar el nuevo sistema, el Equipo de Testing tuvo que colaborar durante 3 semanas, en el apoyo para las pruebas de Usuario, que tuvieran el ambiente, los datos, revisión y comparación con defectos ya levantados por el equipo de Testing y formas de ejecución, fue una experiencia bastante interesante y que a mi parecer más empresas deberían de implementar, llamar realmente a los usuarios que van a utilizar el nuevo sistema para que revise, aprenda y pruebe el nuevo programa.

Obvio deben de tener una capacitación formal del sistema previamente, pero estas pruebas de usuario han sido la mejor recomendación que puedo darles, hagan las pruebas de usuario así, invitando al equipo operativo.

Oscar Alejandro Arreola Ramírez

Vobo. de las Pruebas

Una vez que el nuevo aplicativo o la modificación del programa han pasado por todas las pruebas, el área de Testing es la encargada de dar el VoBo para el pase a producción.

Otorgando la aceptación de las pruebas dan el banderazo de salida de la puesta a producción del nuevo Software.

Cabe aclarar que esta puede ser una etapa en la que todavía aparezcan ciertos defectos, pero por lo regular se hace la negociación de que el proyecto puede salir con el 15 o 10% de errores medios o bajos para producción.

Lo más correcto y viable es que salga sin errores, pero hay muchos errores que son cosméticos o errores de baja o media prioridad pero a pesar de eso el software está estable y pueden trabajar con esos errores.

Oscar Alejandro Arreola Ramírez

Etapa de Postimplementación

Por lo regular ya en producción el área de Testing entrega el proyecto y los encargados del área de producción se encargan de subir a producción el Software.

La etapa de Postimplentación se refiere a que una vez que ya está en producción se tiene cierto tiempo de garantía por parte del equipo de Desarrollo para tener estable el software y seguir arreglando los defectos que les comente anteriormente.

Con esta etapa finaliza el proceso de creación o cambio del nuevo Software, el software se ha entregado y está en producción, todo el esfuerzo se ve reflejado ya en el gusto del cliente por el software recién creado. Felicidades¡¡

El Equipo de Testing está listo para los siguientes proyectos que vienen.

Oscar Alejandro Arreola Ramírez

Lecciones Aprendidas

Recuerda que lo más conveniente una vez que el proyecto termine, que se tenga una reunión con el equipo para comentar la finalización de las pruebas y la experiencia obtenida a través del proceso que se tuvo. Esto dará un panorama de lo que se hizo bien, lo que se dejó de hacer y lo que no se hizo, apoyará al equipo a tener más experiencia en los siguientes proyectos, es muy importante hacer estas reuniones, te toman 30 minutos y te dan un panorama inigualable y compartes tus éxitos y puntos de control donde cada miembro del equipo puede prevenirse.

Recuerda que durante todo el proceso de las pruebas se toman decisiones todo el tiempo, estas pueden ser decisiones correctas o incorrectas que se tomaron en situaciones con mucha presión, sin embargo, estas son tomadas con el propósito de siempre mantener el objetivo, que el proyecto salga correctamente.

Analiza todas las decisiones y puede ser que de las malas decisiones se hayan tomado riesgos y les salió bien, eso es parte del trabajo.

Los proyectos no siempre salen perfectos, ciertos proyectos terminan bien, pero otros no, otros los cancelan, pero eso es lo importante, que siempre debemos aprender de los errores, para no volver a cometerlos en los proyectos futuros y si tu aprendiste, pero vez que tu compañero va a hacer el mismo error prevenirlo, indicándole que tuviste el mismo problema y como lo está tratando de resolver, no se resolvió al contrario, pero también indicarle la forma en como lo resolviste para que no pase por lo mismo y su problema, tenga una solución y evitar errores del equipo.

Recuerda que la base de un buen Tester es la comunicación, el que pierdas el miedo a decir No sé, que pidas ayuda y que, si no te la dan, resolver la situación, buscar quien te puede apoyar para resolver las dudas, no quedarte esperando a que las cosas sucedan, si no ir y buscar las soluciones.

También tener el valor de indicar todos los errores al Desarrollador e indicar los atrasos y las desviaciones que se pueden tener en el proyecto.

Yo te recomiendo que te anticipes a todas tus actividades y realices varias estrategias de cómo vas afrontar las situaciones así, si alguna te falla o no puedes continuar por alguna razón, puedas solventar el problema con otra estrategia.

- Estrategia 1

- Estrategia 2

- Estrategia 3

Siempre busca la mejor decisión o la más adecuada para afrontar el problema al que te estas enfrentando en el proyecto, es bueno tomar riesgos, experimentas y aprendes, al final la decisión te ha dejado un aprendizaje, hiciste lo que creíste que en ese momento era lo mejor para el proyecto, agregaste valor al proyecto.

Cómo ser un Tester

Oscar Alejandro Arreola Ramírez

Razones por las cuales los Proyectos Fracasan

Las razones más comunes del por qué un proyecto fracasa, lo cancelan y no va más son:

- Se acaba el presupuesto y no hay más dinero para continuar con el proyecto.

- No hubo un avance sustancioso y no se puede justificar la continuidad del proyecto.

- La falta de Comunicación e integración dentro del mismo equipo y las demás áreas.

- Jefes nocivos, que no les importa su equipo, no aportan, no ayudan, sin conocimiento.

- El usuario no participa, no se involucra y no acepta los resultados.

- Cambios de alcance a lo largo del proyecto, el tener varios cambios de alcance es nocivo para el proyecto y termina provocando el fracaso.

- Documentos mal realizados, ambiguos, incorrectos, inconsistentes e incompletos.

- Hacer caso omiso a los Riesgos, primero que los detecten, revisen las posibles alternativas de solución, se debe de alzar la voz e indicarlo, lo deben de indicar en el documento.

Oscar Alejandro Arreola Ramírez

Proyectos Quemados

Estos proyectos abundan en las empresas, son llamados proyectos quemados ya que por lo regular han sido mal administrados, en tiempo, forma y recursos. Ya no hay tiempo, presupuesto y los quieren terminar en 2 o 3 meses o menos. Al momento de ir a una entrevista debes de saber realizar las preguntas correctas para saber si entrarías a un proyecto de este tipo, hay veces que el encargado del área te indica que están contra reloj y que las horas de trabajo son pesadas y que la labor que quieren realizar son titánicas, casi heroicas para terminar el proyecto.

Una vez que detectas que vas a entrar a un proyecto así, piénsalo bien, como experiencia es muy buena, porque realmente vas a ver como no se deben de hacer las cosas, debes de estar preparado para las largas jornadas de trabajo y ordenes en falso, ¿Qué son? están tan desesperados que muy probablemente van a seguir tomando malas decisiones para todo el proyecto.

Estás van desde recortar más de la mitad de las pruebas con tal de salir en la fecha planeada, hasta trabajar todos los días hasta las 3 o 4 de la mañana durante dos o tres meses sin descanso, recuerda el trabajar más horas se vuelve contraproducente, no estás trabajando mejor y no estás produciendo más.

Los jefes por lo regular están tan presionados que creen que teniendo largas jornadas de trabajo y quitando a todos los Testers de las demás áreas, más contratando grupos nuevos, van a trabajar más rápido y bien, esto es un efecto contrario.

El Tester al mes y medio se encuentra tan cansado que ya no sabe que está probando. En estos casos los jefes pierden la brújula y comienzan a culpar a los Testers de la situación, cuando gran parte del problema viene de los PM, desarrolladores, etc., que muchas veces no estimaron bien, arreglan un defecto pero aparecen 4 más, que ya habían quedado, porque no están versionando los cambios entre otras cosas y obvio por desconocimiento no le dan el valor al tiempo de pruebas del área de Testing.

La presión está al límite, las juntas se vuelven unas peleas frontales nadie sabe qué hacer, se avanza muy poco, los resultados no son tan rápidos como ellos esperaban por que con tanta gente doblando el turno no lo están sacando o lo sacan quitando más de la mitad de las pruebas. Si no les funciona, solicitan una prórroga si no se las dan, pueden cancelar el proyecto, pero lo más peligroso, si les funciona y terminan el proyecto, creen que encontraron el hilo negro y es la forma para sacar los demás proyectos y empiezan a hacer lo mismo con los demás proyectos.

¿Pues qué es lo que pasa? Empiezas a cansar a tu personal, se empiezan a ir los Testers de mayor experiencia y todavía se preguntan ¿Por qué? Son unos mal agradecidos.¡¡

La reputación de la empresa decae ya que se corre la voz que tu empresa es una de las peores para trabajar, porque ningún Tester con experiencia puede trabajar así, entonces ya no quiere nadie trabajar en esa empresa, las consultoras tienen muchos problemas para encontrar a los candidatos, ya que una vez que les dices donde van a trabajar, se niegan y rechazan la oferta, contratan becarios los explotan, unos se van otros se quedan, pero pierdes la calidad y el esfuerzo que había en las pruebas.

El cliente está presionado y molesto por que se ve que ya no es lo mismo, por todas esas malas decisiones el cliente despide a la consultoría y contrata consultoras nuevas queriendo salvar la situación, obvio está peor, no salen los proyectos, terminan despidiendo al encargado de los proyectos, a las consultoras y la empresa termina perdiendo millones de pesos y el daño a la marca es muy fuerte.

Como el Proyecto Quemado afecta al Equipo de Testing

Como van atrasados en la ejecución de las pruebas, lo que quieren es mitigar el atraso de un proyecto, entonces comienzan a echar mano de los recursos de todos los proyectos, esto es pésimo por que le asignas tareas adicionales y no les indicas prioridad.

Suele pasar que al Tester le dicen vas a apoyar 3 semanas a este proyecto, de acuerdo, pero que no te indiquen nada acerca del proyecto, no te expliquen, no te den una pequeña introducción a lo que vas a apoyar y todavía te pidan reportes al día o a los dos días de lo que estás haciendo.

Está muy bien que el Tester, si tiene experiencia, él va a buscar toda la información desde el principio, el becario no va a saber qué hacer, esto les va a llevar tiempo y un esfuerzo por que el propio equipo o el encargado no te dio una introducción de 15 minutos a 20 minutos por que nadie tiene tiempo. Pues vas a iniciar desde cero, no vas a saber que personas te pueden ayudar, apoyar.
Esta es una pésima práctica, No es profesional, lamentable que todavía siga pasando. Por más que tengas 5, 10, 20 años de experiencia o cero te tienen que dar una pequeña introducción, el Tester no es adivino, Jefes no hagan eso.

Literalmente dejan a la suerte al Tester, va a perder tiempo investigando, analizando, documentando de nueva cuenta, porque ya un miembro o más tiene esa información y no te la dio, aparte de realizar tus tareas diarias a las que estas asignado.
Que debe hacer el equipo de Testing.
Si tienes a un líder a cargo comentarle la problemática que se presenta, juntos deberían analizar los problemas y las posibles soluciones y verificar cuales serían las mejores para afrontar los problemas que se están presentando.

Por lo regular el equipo deber de estar unido. Si tienes un Jefe a cargo, el cual no quiere escuchar, solo exige resultados y satura al equipo de malas decisiones, por lo regular el equipo está separado. Se pueden unir los Testers de mayor experiencia y apoyar a los nuevos Testers, pueden aplicar en cierto grado mejoras en cómo están llevando las cosas.
Debes de analizar la situación y elaborar estrategias urgentes que te permitan afrontar la situación, recortar pruebas, priorizar, definir horarios para no cansar a los Testers, buscar el compromiso y entrega de los integrantes del equipo.

Trabajar en Fin de Semana

Si el cliente te solicita que el equipo de Testing se tiene que quedar el fin de semana, exigir que el equipo de ambientes y el equipo de desarrollo también lo haga, no te sirve de nada que lleves al equipo de Testing, si no hay ambiente o no hay nadie que pueda recibir y corregir los defectos.
Lamentable que esto siga sucediendo, no se tiene la visión de que si vas a exigir a un área que trabaje el fin de semana, necesitas de dos o 3 áreas más, por desconocimiento solo obligan al área de Testing, resulta que dos días está el equipo parado sin hacer nada, porque no hay ambiente o hay un defecto bloqueante que nadie puede atender hasta el lunes.

El cliente te pregunta el avance del fin de semana, lamentablemente no hay avance o muy poco. La responsabilidad es compartida, tanto cuando las cosas vayan bien y también cuando las cosas vayan mal, las áreas se deben de convertirse en un solo equipo.

Imagen 24

Oscar Alejandro Arreola Ramírez

Tipos de Métodos OAARIT

En base a lo que se ha comentado durante todo el proceso de las pruebas he separado dos métodos para diferenciar lo que debe de hacer la Empresa y lo que debe de hacer el Tester.

Imagen 25

Oscar Alejandro Arreola Ramírez

Método Empresarial

Como estas trabajando no te está dando los resultados adecuados, ¿Porque no cambiar la forma de trabajar?

¿Porque no intentarlo con un enfoque diferente?, más controlado, con más revisión para que detectes que realmente estás haciendo mal y hagas los cambios necesarios para que empieces a lograr los resultados que necesitas.

1.- Capacita a tu personal, enséñale procesos, métodos. (Toma el tiempo que se requiere)

2.- Capacita a tu equipo en los procesos de la empresa o del negocio donde va a estar asignado, documenta procesos básicos.

3.- Revisa continuamente el comportamiento del Manager, sondea al equipo y viceversa.

4.- Elige al Equipo o al elemento faltante para tu equipo de trabajo. (Si se puede revisar su situación contractual, sondea al equipo, cuales son las expectativas laborales y personales que tiene, si se tiene que arreglar, apoya para que se pueda resolver la situación lo más pronto posible), recuerda que debes de tener un elemento contento, que no tenga necesidad de preocuparse por lo económico para que no tenga distractores y se enfoque solamente en lo profesional.

5.- Enséñale sus funciones y enséñale Límites.

6.- Al momento de conocer el Proyecto genera tu Calendario en base a las actividades que tiene que hacer el área de Testing, recuerda que tienes que incluir tu documentación y tu ejecución. Evita continuos cambios de alcance.

7.- Anticípate a los Datos, solicitar los datos, solicitar el ambiente, solicitar los Accesos, recursos, ambientes disponibles para las pruebas.

8.- Genera tu estrategia de Pruebas.

9.- Defiende tú tiempo de Documentación y de Ejecución en todo el proceso de las pruebas.

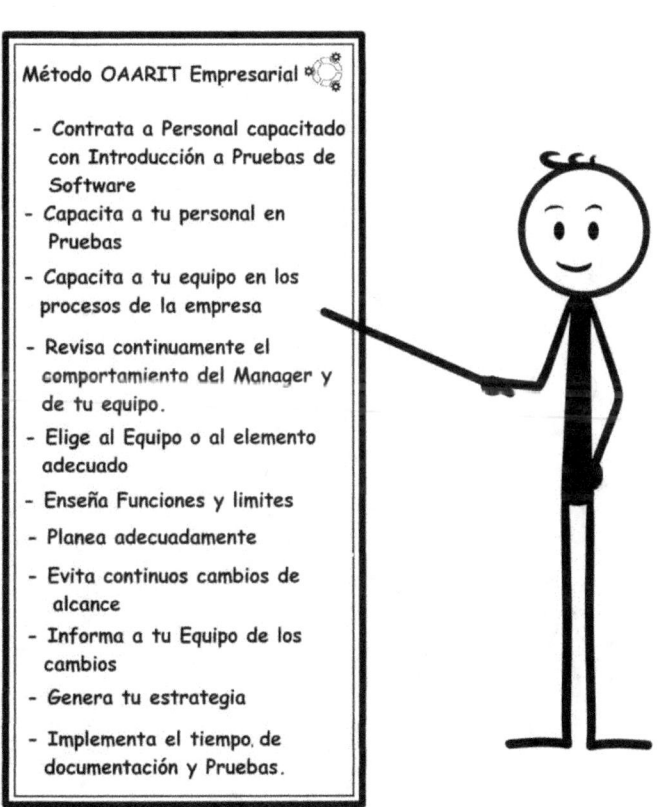

Imagen 26

Cómo ser un Tester

Oscar Alejandro Arreola Ramírez

Método del Tester

1.- Identifica a que empresa vas a entrar, trata de saber más acerca de la empresa.

2.- Debes de aprender a realizar toda la documentación que realiza el Tester.

3.- Identifica a las personas que te pueden apoyar para resolver las situaciones o las desviaciones.

4.-Aprende el negocio, ya sea con la documentación o acercándote al cliente y buscando que te muestre cómo funciona el sistema.

5.- Realiza tu análisis y documentación completa que se requiere.

6.-Anticípate a solicitar accesos, datos de prueba, solicitar el ambiente, solicitar los roles.

7.-Planea junto con tu Líder la Estrategia de las pruebas, como van a iniciar las pruebas. Si puedes realizar pruebas exploratorias, practica, para que cuando inicies las pruebas te sea más fácil.

8.-Acuerda la forma de trabajar con la gente que te va a apoyar con los defectos, los desarrolladores, revisa como se van a atender los defectos.

9.-Ten los Reportes de Ejecución Listos y bien entendidos, si puedes haz un reporte antes, para que no pierdas tiempo el día de la ejecución y evitar no saber llenarlo.

10.-Documenta bien los defectos y entiéndelos para que cuando te cuestionen, sepas defender el defecto o dar la explicación de cómo se produce.

11.- Prepara el Documento de Aceptación por parte del área de Testing.

12.- Lecciones Aprendidas, ten la sesión con tu equipo al término de los proyectos.

Imagen 27

En los cursos que imparto te enseño a Cómo ser un Tester, te ayudo a detectar tus habilidades, cualidades y deficiencias, te enseño a generar todas las matrices, reportes, a cómo reaccionar cuando se te presenten situaciones adversas, como puedes corregir la desviación o impulsar que haya un cambio en tu equipo.

A las empresas les ayudamos a crear un equipo, ayudamos a crear una estrategia para evitar que su proyecto se convierta en un proyecto con atrasos y se capacita a su equipo de Testing para reforzar el conocimiento.

Oscar Alejandro Arreola Ramírez

Ejemplos de Matrices

A continuación te mostraré algunos ejemplos de matrices que requieres realizar durante todo el proceso de las prueba, puedes tomarlas como base.

Los formatos en la mayoría de las empresas ya son standard o se pueden parecer mucho a los que ves aquí, esto es debido a que, así como las definiciones que nos dan la pauta para el proceso de las pruebas, los formatos son muy parecidos esto lo puedes identificar si ya llevas tiempo trabajando como probador de Sistemas, si eres nuevo, te recomiendo que apliques estos formatos, te van a solucionar muchos de los problemas y vas a aparecer como todo un profesional, Recuerda que también imparto el curso de formatos de todas las matrices para que aprendas a realizar y a llenar cada una de las matrices mencionadas en este libro.

Hitos

Regularmente el Project Manager, es el encargado de plasmar las modificaciones en el Plan de Trabajo, por medio de algún programa para indicar las actividades del proyecto. Es importante que las actividades del área de Testing estén reflejadas en el Plan de Trabajo.

Esto te apoyará para definir las fechas de los entregables que tiene que realizar tu equipo, es importante que cada actividad tenga su fecha de inicio y fecha de fin.

Recuerda que estas fechas pueden cambiar, pero prácticamente es tu guía y secuencia de los entregables y marca también el inicio y fin de le ejecución de las pruebas.

Hito	Fecha Inicio	Fecha Fin	Fase del proyecto	Proyecto
Junta Kick Off	27/07/2019	27/10/2019	Inicio	Proyecto 1
Elaboración Solución tecnológica	27/07/2019	27/10/2019	Analisis	Proyecto 1
Desarrollo	27/07/2019	27/10/2019	Analisis	Proyecto 1
Matriz de Requerimientos	27/07/2019	27/10/2019	Analisis	Proyecto 1
Identificación de Casos de Prueba	28/07/2019	28/08/2019	Analisis	Proyecto 1
Instalación en ambiente preprod	29/07/2019	29/08/2019	Analisis	Proyecto 1
Desarrollo de Casos de Prueba	24/08/2019	30/08/2019	Analisis	Proyecto 1
Ejecución de Casos de Prueba	24/08/2019	30/08/2019	Ejecución	Proyecto 1
Resolución de Defectos	24/08/2019	30/08/2019	Control	Proyecto 1
Ejecución de Casos de Regresióm	24/08/2019	30/08/2019	Control	Proyecto 1
Entrega documentación a Liberaciones	24/08/2019	30/08/2019	Cierre	Proyecto 1
Instalación de componentes en producción	11/09/2019	11/10/2019	Cierre	Proyecto 1

Imagen 28

Matriz de Datos: Esta Matriz te sirve para realizar la petición de los datos que vas a requerir en cada prueba, recuerda que por cada caso de prueba, debes de realizar tu petición de datos, hay excepciones en las cuales tú mismo te puedes crear los datos o dependes de cierto proceso para que se pueda generar el dato, no olvides, poner todo en la matriz para identificar si requieres un dato nuevo o tu podrías generar el insumo para la prueba de los casos.

Matriz de Datos de Prueba									
Proyecto	Caso de Prueba	Id Caso de Prueba	Cantidad	Tipo de Dato	Producto	Estatus	Saldo	Tipo de Cuenta	Comentarios
Proy27	HT-FEL-001	110HT	4	Cuenta	Cuenta Super	Activa	500	Mancomunada	Que sea nueva cuenta
Proy27	HT-FEL-002	120HT	3	Cuenta	Cuenta Light	Cerrada	2200	Individual	
Proy27	HT-FEL-003	130HT	10	Cuenta	Cuenta Empresa	Bloqueada	2700	Mancomunada	
Proy27	HT-FEL-004	140HT	2	Cuenta	Cuenta Empresa	Reporte Robo	3700	Individual	
Proy27	HT-FEL-005	150HT	5	Cuenta	Cuenta Super	Activa	4700	Mancomunada	
Proy27	HT-FEL-006	160HT	7	Cuenta	Cuenta Super	Activa	5700	Mancomunada	

Imagen 29

Matriz de Diseño de Casos de Prueba:

Esta Matriz te va a permitir llevar el control de los casos de prueba Diseñados, por si tienes que reportar diariamente tu avance te va a servir para revisar el avance del equipo respecto al Diseño de Casos de Prueba.

Matriz de Diseño de Casos de Prueba										
Requerimiento	Precondiciones	Reglas de Negocio	Descripción del Caso de Prueba	Objetivo a Validar	Caso de Prueba	Android		IOS		Estado
querimiento ES ingresar al Sistema	Acceso al Sistema	RN001	El usuario debe de poder ingresar al sistema	Realizar el Login validando usuario y contraseña	CP_000 Ingresar al Sistema	Smartphone	Tablet	iPhone	iPad	Finalizado

Imagen 30

Reporte Estatus "Diseño de Casos"

Estatus	Cantidad	Porcentaje
Finalizado	2	40.0
No iniciado	2	40.0
No aplica	1	20.0
Total	5	100

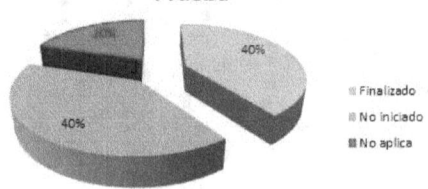

Reporte Estatus "Diseño Casos de Prueba"

 Finalizado
 No iniciado
 No aplica

Imagen 31

260

Matrices de Casos de Prueba

Esta Matriz está diseñada para que pueda ser importada a la herramienta de HP ALM anteriormente se llamaba Quality Center. Te enseño esta matriz porque es la más común y así será más fácil de comprender para ustedes y más si en la empresa que están trabajando usan la herramienta, van a tener listos sus casos de prueba para subirlos.

Descripción de Campos:

Subject: Es el nombre del Directorio donde van a crearse los casos, debe de ser capturado de forma idéntica para cada uno de los pasos, para que no se generen como casos diferentes y además   para   poder identificarlo.

Test Name: Se refiere al nombre del caso de Prueba al que será asociado cada uno de los pasos en consecutivo. Debe de ser capturado de forma idéntica para cada uno de los pasos, para que no se generen como casos diferentes.

Id Step: Es el Campo que asigna el consecutivo a seguir en el caso de prueba, debes de cuidar la numeración.

Description Design Steps: Es el Campo que determina la acción a seguir en el caso de prueba, no debes de ingresar caracteres especiales (ñ,&,#,",@.)

Expected Result(Status): Es el Campo que determina el Resultado esperado de la prueba.

Designer: Es el Campo que lleva el número de Nómina o el ID del Diseñador.

Status: Es el campo donde se muestran los estatus de los pasos y del Casos, (No Probado, Fallado, Pasado)

Description (Details): Es el Campo donde detallan los casos de prueba, como postcondiciones, prerrequisitos, etc. por lo regular siempre lleva la información en la carátula.

Matriz de Casos de Prueba										
Directorio(Subject)	Caso de Prueba	Descripción (Details)	Tipo (Manual o Automática)	Nivel de Pruebas	Paso (ID Step)	Nombre del Caso de Prueba (Test Name)	Detalle del Paso (Description Design Steps)	Resultado Esperado (Expected Results)	Estatus (Status)	Autor (Designer)
Proyecto1/Arro01	HT-FEL-001	El usuario ingresara todos sus datos de contacto	Manual	UAT	1	HT-FEL-001 Selección de Datos	El Usuario seleccionara el Botón Inicio e ingresara usuario y contraseña	El Sistema Validará su Ingreso y mostrará la pantalla de resgistro	No Probado	Nombre Tester
Proyecto1/Arro01	HT-FEL-001	El usuario ingresara todos sus datos de contacto	Manual	UAT	2	HT-FEL-001 Selección de Datos	El usuario seleccionara Nuevo Usuario y completara la información	El sistema permitira que se capturen los datos.	No Probado	Nombre Tester
Proyecto1/Arro01	HT-FEL-001	El usuario ingresara todos sus datos de contacto	Manual	UAT	3	HT-FEL-001 Selección de Datos	El Usuario selecciona el botón guardar	El Sistema Guardará los datos correctamente.	No Probado	Nombre Tester

Imagen 32

Matriz de Control de Ejecución:
Una vez que inicias la ejecución de las pruebas es importante que lleves el control en la herramienta de la empresa, pero también debes de llevar el control con tu equipo, esta matriz te va a servir para tener tus reportes diarios de ejecución actualizados, revisar el avance de que cada Tester y tener el panorama de que estas ejecutando y que vas a poder ejecutar en los próximos días.

Matriz de Control de Ejecución									
Requerimiento	Precondiciones	Reglas de Negocio	Nombre del Caso de Prueba	Objetivo a Validar	Caso de Prueba	Tester (Ejecuta)	Insumo_Prueba	Estado	id Defecto
	Tener acceso al Reporte	Validar Reporte de Cartera por Oficina de Servicio con Líder	Validar Reporte de Cartera por Oficina de Servicio con Líder (Validar etiqueta Coordinador por Líder)	ECO_01_Validar Reporte de Cartera por Oficina de Servicio con Líder			Paso	
	Tener acceso al Reporte	Validar Reporte de Control de Pagos en Campo con Líder	Validar Reporte de Control de Pagos en Campo con Líder (Validar etiqueta Coordinador por Líder)	ECO_02_Validar Reporte de Control de Pagos en Campo con Líder			Fallido	212
								No Probado Aún	
								Paso	

Imagen 33

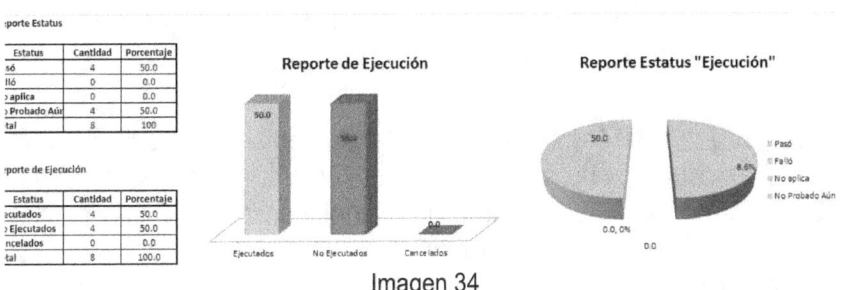

Imagen 34

Matriz de Evidencias: Esta Matriz te sirve para integrar tu evidencia de tu ejecución para cada Caso de Prueba, ingresas los pasos y vas insertando la pantalla de la evidencia.

Si la empresa utiliza algún software solo subes el archivo con tu evidencia correcta a la herramienta y ejecutas el caso.

Caso de Prueba: SIST 2453 Sistema Captura de Datos Usuario

Objetivo del caso	Resultado esperado
Validación de la pantalla de Captura de Datos	Acepte la Captura de todos los Datos

DESCRIPCIÓN	PANTALLA
* Usuario: Ingresar a SIST XXX3 con los siguientes datos válidos: _Usuario _Contraseña Dar clic en botón Entrar * Sistema: Se ingresa a SIST XXX3 correctamente. Se mostrarán los siguientes módulos: Reportes Administración Dar de Alta Cliente Configuración	

Imagen 35

Esta es una Matriz esencial, ya que en ella te basas para seguir el paso del caso de prueba y tomar la evidencia necesaria de cada paso.

Esta matriz se me hace bastante sencilla, dinámica y práctica, puedes basarte en ella para tomar las evidencias en tus pruebas.

Matriz de Defectos: Recuerda que, la herramienta que use la empresa nos va a mostrar los defectos, nos puede mostrar gráficas y nos ayuda mucho. Pero si vas a una junta con desarrollo para validar los defectos esta matriz te ayuda mucho para validar y responder los cuestionamientos de Desarrollo para justificar o no el Defecto y para tu reporte.

			Matriz de Defectos								
No. de Caso de Defecto	Fecha de Detección	Descripción	Evidencia	Módulo	Resolutor	Estatus	Fecha de solución	Observaciones	Impacto	Fecha Corrección
1	27-nov-19	Al haber excedido el número de intentos ce contraseña y usuario no muestra en la pantalla de 'Login' el mensaje "Error: usuario y contraseña incorrectos		Login	Desarrollador	Resuelto	06-nov-19		Bajo	11/11/2019

Imagen 36

Matriz de Proyectos: Esta matriz ayuda al Test Leader o Manager por si esta, en varios proyectos al mismo tiempo y necesita reportar el estatus de cada proyecto en una junta, te facilita el saber y tener todo el panorama completo.

					Matriz de Proyectos							
Algo (No. de Proyecto)	Requerimiento	Revisión Plan Calidad	Responsable	Líder de Proyecto	RESPONSABLE SQA	Área	Aplicación (es) involucrada	Tipo de Proyecto	Fecha de Inicio	Fecha Fin	Pruebas de Regresión	Observaciones
1	Proyecto 1	SI						Nuevo Proyecto			SI	
2	Proyecto 2							Nuevo Proyecto				
3	Proyecto 3	SI						Nuevo Proyecto				
4	Proyecto 4	NO						Control de Cambios				

Imagen 37

Tips

Anticiparse

Uno de los problemas más comunes que se enfrentan los nuevos Testers en su trabajo es que no tienen la capacidad para anticiparse a las situaciones que se les van a presentar a lo largo del proyecto.

La capacidad de respuesta, cuando, debe el Tester de anticiparse a las acciones, a los documentos, a las personas, a las situaciones, te la va a ir dando la experiencia o en el curso que imparto para formar a los Testers analizamos y revisamos varios ejemplos y te enseñamos a resolver este tipo de situaciones.

Conocimiento del Negocio: Es fundamental para un Tester comprender el negocio de su empresa, que es lo que va a probar, conocer el funcionamiento, las cualidades y las deficiencias del proceso y así poder tener todos los argumentos necesarios para poder probar el software pero con el conocimiento del negocio. Debes de investigar, leer, contactar al usuario para saber toda la información que pueda estar a tu alcance para saber qué es lo que vas a probar. Saber esto, te dará ventaja para saber los flujos más importantes, que puedes probar primero, en donde puede haber más errores, saber defender los defectos y sobre todo lo que el cliente quiere.

Relación con el Cliente

Comúnmente la relación con el cliente debe ser dinámica, amena, puede suceder que por las fallas no termine siendo así y debido a malos entendidos, y si hay mala comunicación, comience a haber fricciones y la verdad no es recomendable tener una mala relación con el cliente, se sugiere actuar rápido, modificar, cambiar lo que tengas que cambiar, incluso parte de tu equipo para seguir teniendo esa misma dinámica, si no esto va a afectar el proyecto.

Te sugiero detectar a tiempo esos problemas, para realizar los cambios necesarios, tanto en tu equipo, como en la forma de trabajo, si no va ir creciendo, haciéndose una bola de nieve que no vas a poder detener y pueden hasta perder el proyecto.

Claves para realizar Documentos Excelentes.

Los Testers deben de practicar, revisar, analizar continuamente todos los documentos, algunas veces puede ser tedioso, pero solo así, podrás detectar los errores que se presenten en los documentos.

Enseñar continuamente a los usuarios, desarrolladores, Testers como se debe de realizar cada documento.

Utilizar plantillas estándar de los documentos para que todas las áreas sepan que documentos se deben de utilizar a los largo de los proyectos.

Hacer revisiones formales e informales de los documentos. Tener un control de cambios en los documentos para llevar un control de las modificaciones.

Uso del Correo

Correo: Es una parte fundamental y una de tus principales herramientas de trabajo que tienes. El saber usar el correo a tu favor, te evitará de muchos problemas, primero debes de conocer a los involucrados en el proyecto.

Es tu evidencia de que estas actuando en tiempo y forma, si no tienes evidencia de que mandaste los correos, estas en problemas.

Todo hazlo respaldado con el correo, minutas, solicitar los datos, solicitar el ambiente, solicitar los accesos, mandar evidencia de que no puedes entrar, indicar si tienes algún problema con las pruebas, mandar los informes y reportes, es tu mejor arma para comprobar que estas realizando y estas al pendiente del proceso. Reporta cualquier situación que se presente, ten la evidencia. Te recomiendo usarlo.

Ordena las Carpetas

Ordena tus carpetas por proyecto y por fase del proyecto para que cualquier información que te soliciten, la tengas a la mano y la puedas encontrar fácilmente.

Criticar

Evita realizar Críticas hacia los demás, hacia el desempeño de los demás, como luce, como se visten, como trabajan, mejor critica tu desempeño, preocúpate por realizar tus tareas correctamente y en tiempo, no gastes tiempo en ver lo que hacen o dejan de hacer los demás, si lo dejan de hacer indícales.

No te preocupes en ver los errores y las fallas de las personas, no caigas en ese error, que nuestras palabras no sean destructivas, sino constructivas. Ya que dejas de disfrutar tu trabajo, al contrario da el ejemplo, agradece y mejora cada día.

Confrontación

Evita la confrontación tanto personal como por correos, lamentablemente si se presenta una situación, hay gente que le gusta poner a todas las personas del proyecto en el correo, cuando las personas involucradas son 2 o 3, mejor soluciona el problema en corto, acércate a la persona o abre un chat directamente para evitar que pongan en medio a los jefes en una confrontación innecesaria, si te provocan en los correos no caigas en su juego, en alguien debe de caber la prudencia.

Personas Difíciles

Es normal que te enfrentes durante el proyecto a personas que no son tan amigables, su reacción puede ser debido a diversas circunstancias, tienen gran responsabilidad, así es su forma de ser, etc., tu labor es saber tratar a ese tipo de personas de la forma más cordial posible y si no te ofrece la ayuda, el apoyo, comunicarlo e incluso escalarlo, mi mejor recomendación es no confrontes, no te desgastes, ni desgastes a tu equipo. Si ya sabes cómo reacciona esa persona, anticípate. Las empresas deberían de saber que esos puestos deben ser más dinámicos o detectarlos a tiempo para que no se conviertan en un dolor de cabeza en los proyectos.

Escalamiento

Es una parte importante, como lo mencione en el párrafo anterior, cuando ya no tengas otra forma o alguna respuesta, has buscado a la persona, tienes evidencia, pero no hay una respuesta, realiza el escalamiento, que no es más que tú mismo mandas un correo o vas a hablar con su jefe para pedir apoyo, no vas a ir a acusarlo y hablar mal de él, que quede claro, indica que no has tenido respuesta del trámite o entrega que requiere el proyecto y que necesitas el apoyo, si no te hacen caso, indícale a tu manager que te ayude a hablar del tema en la próxima junta. Recuerda no confrontes.

Cómo ser un Tester

Oscar Alejandro Arreola Ramírez

Material Complementario

Te invito a que a partir de ahora tomes acción e inicies tu formación para ser un verdadero probador de Software.

El programa que yo ofrezco como material complementario, te va a servir para que puedas formarte como un Tester, ya sea que seas una empresa que requiera que se capacite a su personal o que seas un estudiante con ganas de aprender a ser Tester.

Tenemos dos métodos OAARIT Empresarial y el método OAARIT Tester pregunta por nuestras opciones.

Mi programa de formación de Testers te capacita para saber todas las cosas que debe de saber un Tester en el ámbito Laboral no importando el giro de la empresa.

Te capacitamos para que aprendas todas las habilidades que un verdadero Probador de Software necesita y te enseñamos no importando la empresa donde trabajas a abordar los problemas, imprevistos, para que sepas actuar y anticiparte en las situaciones que se te presentan a lo largo del Proyecto.

Esta capacitación es única, porque no se basa solamente en definiciones o términos si no se basa en transmitirte toda la experiencia en la vida laboral para que aprendas de situaciones, aciertos, errores, que solo se viven en la empresa.

También te capacitamos en la elaboración de toda la documentación que un Tester requiere para un proyecto, te enseñamos a realizar todas las matrices comentadas en el libro.

Continuamente en nuestro sitio de Facebook o en nuestra Página de Internet, estaremos informando oportunamente de los cursos en línea o presenciales que estaremos dando.

Recuerda que nuestro principal interés es ayudarte a que aprendas a ser un Verdadero Tester o amplíes tus habilidades y conocimientos como Tester.

Si estás interesado en mis cursos, te comento que nos hemos preparado para ello, en Oaarit estamos Certificados por el Consejo Nacional de Normalización y Certificación de Competencias Laborales en el Estándar de Competencia SEP Conocer en:

- Diseño de cursos de formación del Capital humano, sus instrumentos de evaluación y manuales del curso. D-0009476020
- Impartición de cursos de formación del capital humano.

  D-0009475020

- Contamos con Certificaciones para los testers.

Por lo que cada curso diseñado e impartido por oaarit, es impartido por instructores certificados para ofrecer la mejor calidad en el aprendizaje tanto en el contenido, como en la impartición del curso para ofrecer la mejor calidad y experiencia para tu beneficio.

Estamos a tus órdenes.
Nuestro correo de contacto es: oaarit@gmail.com
Facebook: oaaritmx
Twitter: @oaarit
Página de Internet: www.oaarit.com
Visita nuestra área de juegos: oaarit games

Cómo ser un Tester

Recomendaciones

Recuerda que cada vez hay una mayor competencia, las empresas se van actualizando de acuerdo a como el consumidor tenga sus necesidades, van creando el software que necesitan para la empresa y para el cliente. El Testing está evolucionando constantemente, por ejemplo la automatización se ha estado integrando ya de lleno al Testing, hace unos años no le tomaban la importancia necesaria para realizar las pruebas, ahora no sale el programa o aplicación a producción si no ha sido probado con pruebas de automatización, son herramientas que llegaron para quedarse y que debes de aprender.

Ya no te puedes quedar con el conocimiento que aprendiste en dos o tres trabajos atrás, si no te vas a ir quedando, considera que ya no hay empleos estables como había en las décadas pasadas, lo más común es trabajar por proyectos e irte moviendo dentro de la misma empresa o a otra, ahora es más dinámico, ya es muy difícil encontrar un empleo donde el empleado dure 25 años o más, a las empresas ya no les conviene económicamente.

Actualmente ya hay muy pocos empleos donde te vas a jubilar, ni creo que ningún joven actualmente soporte estar tanto tiempo en una empresa, los tiempos han cambiado, lo importante es que te prepares para todo lo que está por venir.

Para continuar en el área del Testing y de las otras áreas de Tecnología debes de seguir preparándote día a día, ya que el que tenga las mejores habilidades, es el que va a seguir en la carrera, el mejor consejo que te puedo dar es que debes de tomar la decisión de seguirte preparando, revisando que tecnologías son las que requieren las empresas, hazte el hábito de investigar, sondear, preguntar, hazte la pregunta ¿Hacia dónde van las pruebas de Testing?, que tecnologías, metodologías, programas están acaparando el mercado y sobre todo toma acción. Prepárate, Capacítate y sigue creciendo profesionalmente.

Una vez que encuentres el curso que quieres o el que más se adapte a tus necesidades, aprovecha al máximo ese conocimiento, ya sea que tú lo hayas pagado o que la empresa ha hecho el esfuerzo y te lo pague, valora y aprecia cada curso porque es un escalón más en tu etapa de formación.

Encuentra que habilidades resaltan más en ti, conoce tu forma de trabajar, encuentra para que eres bueno y sobre todo analiza a tus demás compañeros para que son buenos, crea hábitos laborales positivos, encuentra tus deficiencias y trabaja en ellas, en eso yo te puedo ayudar, para hacerte un Tester completo, gracias a mis cursos.

Valora tus talentos y el de tus compañeros para convertir esas habilidades en un trabajo en equipo y potencializar los resultados por el bien del proyecto.

Lo más importante que te guste y comprendas lo que estás haciendo, que disfrutes trabajar en los proyectos, que aportes todo tu conocimiento a cada proyecto en donde estés, trabaja con el conocimiento adquirido, crea equipos de trabajo e invierte en ti.

Con el conocimiento dado en este libro y en mis cursos, no va importar en qué etapa del proyecto entres a trabajar en la empresa, ya vas a poder identificar en qué fase se encuentran y saber lo que tienes que hacer para colaborar con tu equipo.

Apoya a los nuevos recursos, intégralos explícales bien, si vez que es un elemento que vale la pena guíalo, tenemos que quitarnos esa mentalidad "Cuando yo llegue, nadie me explico, entonces a los nuevos que les cueste", eso ya no va. Al final siempre se debe de recordar que eres parte de un equipo y se tiene un objetivo en común, que el Software salga al Usuario Final y que esas decisiones van a repercutir que tu equipo no este lo suficientemente fuerte para afrontar el proyecto.

Recuerda que no importa si el equipo no es de la misma empresa, tú debes de saber integrar al grupo con el fin de cumplir con el objetivo. Si llegas a Coordinar un área de pruebas, conviértete en un buen líder, integra al equipo, preocúpate, se estratega, lucha siempre por lo mejor para tu equipo, comunica, capacita, se justo, no olvides que alguna vez fuiste becario y puedes ayudar a que ellos aprendan bien y sean Testers de verdad.

Soy Generación X pero soy amigo de los Millennial, entiendo la problemática, la frustración y tengo la visión de que este proceso puede ser más dinámico, más rápido y con mejores resultados a como lo han estado realizando, al final va a llevar a las empresas a cambiar su forma de trabajo para obtener mejores resultados. Se tienen que dar cuenta las empresas que, si siguen así, sin tener un control de la gente que está liderando a sus equipos de Testing, sin capacitar a su gente entre, otras cosas, al final van a perder dinero, cancelar los proyectos, perder las cuentas y van a dañar su marca.

Conclusiones
"Necesitamos mejorar los procesos empresariales y ver más por las personas."

Ser probador de Software ha sido, es y será la carrera que me ha formado tanto profesional como personalmente, disfruto día a día, el haber participado en muchos proyectos, me siento orgulloso de haber probado sistemas o aplicaciones que están en producción y que están en uso actualmente, el saber que yo fui parte de un equipo que logro sacar el proyecto y terminarlo hasta que el cliente lo esté usando, es una satisfacción, obvio que ha habido proyectos que no salieron, que se cancelaron, suspendieron, etc. Por diversas circunstancias, pero también eh aprendido mucho de esos proyectos.

El tener proyectos excelentes, buenos, regulares, malos, pésimos, etc. te forja como profesional, sabes caer y levantarte rápidamente por que viene el siguiente proyecto y debes iniciar con la mejor actitud, aprendiendo día a día, preparándote dando todo para el proyecto donde estas.

Es mágicamente interesante estar dentro de las entrañas de una creación y participar en todo el proceso, comprendes cuanta gente participa, vez el esfuerzo de todo el equipo, desarrolladores, Testers, lideres etc. Para que el proyecto salga adelante y que a pesar de las situaciones que se presentan siguen avanzando hasta terminar el software.

Hay que valorar y agradecer el esfuerzo de cada una de las personas que día a día participan en los proyectos y que como usuario final nunca te enteras que hay detrás de cada aplicación, software o proyecto que hacen de tu vida un lugar mejor, porque te simplifican las tareas que realizas.

Con este libro te enseño mi metodología, donde te enseño a ser un verdadero Tester, te muestro lo que debes de saber para que aprendas realmente ser un probador de Sistemas, te quiero fomentar el hábito empresarial para crear un Tester completo, con el fin de que tengas las bases bien cimentadas y no tengas ninguna carencia profesional, que este libro te sirva de guía para que lo puedas consultar tantas veces lo necesites y te ayude a visualizar situaciones que antes no habías contemplado.

Aprovecha el conocimiento adquirido a través de mi libro y mis cursos. Ha sido un placer compartir mi experiencia y mi conocimiento en este libro y me encantará poder ayudarte compartiendo mi experiencia personalmente, recuerda que esto es solo el principio, estaré aquí para apoyarte a que seas el mejor Probador de Software.

Ser Tester es una carrera que requiere de una preparación adecuada, una especialización, requiere que puedas aprender rápido, adaptarte a los cambios y puedas manejar cualquier tipo de situaciones que se te presenten día a día y que mejor que cuentes con un manual que te enseña paso a paso a serlo.

Muchas Gracias.

"Capacitándote tomas Acción y con eso vas a tener Resultados Extraordinarios"

Imagen 38